ZEITSCHRIFT FÜR ANGEWANDTE GEOLOGIE

HERAUSGEGEBEN VON

DER STAATLICHEN GEOLOGISCHEN KOMMISSION

UND DER ZENTRALEN VORRATSKOMMISSION

DER DEUTSCHEN DEMOKRATISCHEN REPUBLIK

AUS DEM INHALT

AKADEMIE-VERLAG · BERLIN

BAND 9 / HEFT 6
JUNI 1963
SEITE 281–336

	INHALT	СОДЕРЖАНИЕ	CONTENTS	
W. Thomä	Die geochemische Untersuchung der Devonscholle am Henneberg bei Weitisberga	Геохимическое исследование глыбы девона у горы Геннеберг около Вайтисберга	Geochemical Investigation of the Devonian Block at the Henneberg near Weitisberga	281
B. Preuss	Durchführung und Auswertung von makropetrographischen Flözprofilaufnahmen in Tagebauen des östlichen Niederlausitzer Unterflözes	Проведение и интерпретация макропетрографических съемок разреза буроугольного пласта в открытых разработках восточного Нижнелужицкого нижнего пласта	Realization and Evaluation of Macropetrographical Seam Profile Surveys in Opencast Mines of the Eastern Bottom Seam of Lower Lusatia	284
I. I. Ammossow & N. I. Babinkowa	Klassifikation der Braunkohlen nach ihren petrographischen Besonderheiten	Классификация бурых углей по петрографическим особенностям	Classification of Brown-Coals According to their Petrographical Peculiarities	292
F. Stammberger	Zur Berechnung prognostischer Vorräte an Erdöl und Erdgas und Planung geologischer Erkundungsarbeiten	О подсчете прогнозных запасов нефти и газа и о планировании геолого-разведочных работ	Calculation of Prognostic Petroleum and Natural Gas Reserves and Planning of Geological Reconnaissance Works	296
I. G. Stjopin	Probleme der komplexen Erkundung von Erdöllagerstätten	Проблемы комплексного изучения нефтяных месторождений	Problems Relating to the Complex Reconnaissance of Petroleum Deposits	300
W. N. Schtschelkatschow	Analyse des derzeitigen Standes der Erdölförderung und des Abbaus von Erdöllagerstätten in den USA	Анализ современного состояния добычи нефти и эксплоатации нефтяных месторождений	Analysis of the Present Status of Petroleum Production and Exploitation of Petroleum Deposits in the USA	305
J. Kožíšek	Die Grundsätze zur Festlegung der Konditionen in der ČSSR	Принципы установления кондиций в ЧССР	Czechoslovak Principles Concerning the Fixation of Conditions	307
K. Lehnert	Zur Eichung und Interpretation von Neutron–Gamma-Messungen im Zechstein-Hauptkarbonat	О калибровке и интерпретации НГК в главном доломите цехштейна	Calibration and Interpretation of Neutron-Gamma Surveys in the German Zechstein Main Dolomite	311
D. Steinbrecher	Über die Möglichkeiten einer Porositätsbestimmung des Zechstein-Hauptkarbonats mit Hilfe neutronenphysikalischer Methoden	О возможностях определения пористости главного карбоната цехштейна с помощью нейтронно-физических методов	Possibilities to Determine the Porosity of the German Zechstein Main Carbonate Using Neutron-Physical Methods	316
B. Heyne & Willi Klipp	Einsatz von Schutzkolloiden und Dispergiermitteln in Bohrspülungen	Использование предохранительных коллоидов и диспергирующих веществ в буровых растворах	Use of Protective Colloids and Dispersing Agents in Drilling Muds	322
A. F. Merschalow & W. I. Jakowlew	Kernlose Erkundungsbohrungen	Бескерновые разведочные скважины	Coreless Reconnaissance Drillings	326

Die ZEITSCHRIFT FÜR ANGEWANDTE GEOLOGIE berichtet ständig über folgende Arbeitsgebiete: Geologische Grundlagenforschung und Lagerstättenforschung / Methodik der geologischen Erkundung / Ökonomie und Planung der geologischen Erkundung / Technik der geologischen Erkundung / Geologie und Lagerstättenkunde im Ausland. In der Zeitschrift können alle strittigen Fragen der praktischen Geologie behandelt werden. Die Autoren übernehmen für ihre Aufsätze die übliche Verantwortung.

ZEITSCHRIFT FÜR ANGEWANDTE GEOLOGIE

KOLLEKTIVE CHEFREDAKTION

Dr. K. KAUTER (Redaktionssekretär)
Dr. F. STAMMBERGER
Dr. G. TISCHENDORF
Dipl.-Berging.-Geol. G. ZINDLER

BAND 9 · JUNI 1963 · HEFT 6

Die geochemische Untersuchung der Devonscholle am Henneberg bei Weitisberga[1]

WALTER THOMÄ, Jena

1. Geologische und morphologische Verhältnisse

1.1 Die geographische Lage

Das Prospektionsgebiet liegt nordwestlich vom Ort Weitisberga, Kreis Lobenstein (Bezirk Gera). Die geologische Aufnahme befindet sich auf Blatt Leutenberg (Nr. 5434).

Das Landschaftsbild wird bestimmt durch eine von tiefen Tälern durchzogene Hochfläche. Das Prospektionsgebiet selbst überdeckt ausschließlich Felder und Wiesen und liegt in einer Höhe von 530—580 m über NN. Höchste Erhebung ist der etwa 1 km südlich liegende Henneberg (700,5 m über NN).

1.2 Die geologischen Verhältnisse

Im Mittelpunkt der Untersuchungen stand die Devonscholle nordwestlich von Weitisberga mit einem Ausmaß von 100 × 300 m. Diese tektonisch hochgepreßte Scholle liegt inmitten der Thüringischen Kulmmulde und wird im NE durch die Fortsetzung der Hennebergstörung und im SW durch eine kleinere tektonische Störung begrenzt; nach Norden läuft die Scholle spitz aus. Die Nebengesteine sind Tonschiefer, Sandsteine und Grauwacken des Unteren Kulms. Diese Scholle baut sich aus mehreren Serien oberdevonischer Gesteine auf, und zwar folgen von SE nach NW Kalk und eine ± in Epidotskarn umgewandelte Kalk-Diabastuff-Wechsellagerung aufeinander, wobei z. T. nur die Kalklagen und die äußerste Schicht der Diabastufflagen in Epidotskarn umgebildet sind (1. Ausbildung). Im Bereich herzynisch streichender Kleinstörungen kommt es jedoch zu einer Verskarnung der gesamten Wechsellagerung, in der sich nur noch Diabastuffschollen befinden (2. Ausbildung). Die Vererzung ist hauptsächlich an die 2. Ausbildung gebunden. An diese verskarnte Kalk-Diabastuff-Wechsellagerung schließt sich ein geschieferter, teils noch von epidotisierten Kalkbändern durchzogener Diabastuff an. Hierauf folgen bis zum NW-Ende der Scholle Schiefer und Tuffit.

1.3 Vorgeschichte und Aufgabenstellung

Vom Ausbiß der Scholle bis zu einer Tiefe von etwa 50 m wurde im 17. und 18. Jahrhundert auf Silber und später wohl auch auf Blei abgebaut. Einige zerfallene Stollen und kleine Halden sind noch vorhanden.

Auf Anregung der Abteilung Kartierung des damaligen Geologischen Dienstes Jena wurde im Frühjahr 1961 eine bodengeochemische Prospektion auf die Devonscholle durchgeführt. Den Bearbeitern dieses Gebietes, G. MEINEL und W. STEINBACH, sei für Einführung in die Problematik und gemeinsame Geländebegehungen gedankt.

Aufgabe der Geochemie war es, mit Hilfe dieser Untersuchungen auf die an der Vererzung beteiligten Metalle festzustellen, ob sich die Scholle gegen die umgrenzenden Kulmschiefer deutlich abgrenzen läßt, ob der Schwerpunkt der Vererzung innerhalb der Scholle eindeutig erkennbar ist und ob sich die Verwerfungen deutlich von der Umgebung abheben.

Die Metallverbindungen können auf der Verwerfungsfläche besser zirkulieren als im kompakten Gestein und somit an der Oberfläche Anomalien hervorrufen.

Auf Grund der Blei-Zink-Vererzung der Scholle kommen für die Untersuchung der Bodenproben in erster Linie Blei und Zink in Frage, daneben Kupfer und Silber.

2. Untersuchungsmethodik

2.1 Probenahme

Die Grundlinie des Prospektionsnetzes wurde mit 300° — parallel zur Hennebergstörung — eingemessen. Die genauere Lage ist aus Abb. 1 ersichtlich. Von dieser Grundlinie aus wurden die einzelnen Profile senkrecht abgesetzt und in ihren Längenverhältnissen den nur ungenau bekannten Dimensionen der Scholle angepaßt. Es mußte berücksichtigt werden, daß das Probennetz über den Rand der Scholle hinausgeht, um die Gehalte außerhalb der Scholle mit zu erfassen.

Die Profilabstände betragen bis auf den Abstand I—II (30 m) und II—III (20 m) — zur besseren Erfassung der SW-Verwerfung — 50 m. Die Probeabstände entlang der Profile betragen 10 m. Insgesamt wurden 139 Bodenproben genommen.

Um festzustellen, ob die Hennebergstörung im Kulmschiefer nordwestlich von der Scholle auf Grund erhöhter Metallgehalte noch nachweisbar ist, wurde 50 m nordwestlich vom letzten Profil (Profil VIII) noch ein Zusatzprofil mit 50 m Länge und einem Probenabstand von 5 m gezogen.

[1]) Eingang des Manuskripts in der Redaktion: 25. 1. 1963

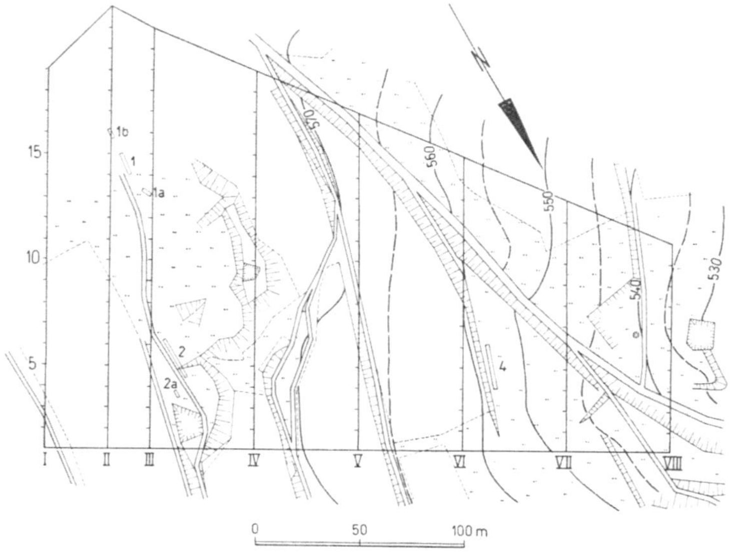

Abb. 1. Prospektionsnetz des Untersuchungsgebietes

Die Proben wurden mit einem Bohrstock aus 0,4 bis 0,5 m Tiefe genommen. Zur besseren Erzielung eines Durchschnittswertes wurde das Material von 3—4 Einstichen um einen Probepunkt zu einer Probe vereinigt.

2.2 Aufbereitung der Proben

Die Proben wurden bei 110°C getrocknet und durch einen Siebsatz mit 4,0—2,5—0,1 mm Maschenweite gesiebt. Die feinste Fraktion 0,1 mm wurde anschließend noch wenige Minuten im Porzellanmörser homogenisiert und in kleinen Papiertüten zur Weiterverarbeitung aufbewahrt, da die zur Bestimmung vorgesehenen Elemente im Boden hauptsächlich an diese Fraktion gebunden und somit relativ angereichert sind.

2.3 Spektrochemische Bestimmung von Zn, Cu, Ag

Diese Elemente wurden halbquantitativ mit dem Rathenower UV-Glasspektrographen FD-U unter Verwendung von ungepufferter T3-Spektralkohle und anodisch geschaltetem Gleichstrombogen von 8 A bestimmt. Die Belichtungszeit betrug 20 sec bei einer Spaltbreite von 12 μ und der Zwischenblende 5. Aufgenommen wurde auf Platten Agfa rot extra hart.

Von jeder Probe wurden zwei Aufnahmen gemacht, die Werte wurden gemittelt.

Folgende Linien wurden mit dem Zeiss-Schnellphotometer gemessen:

Cu 3273,86 Å
Ag 3280,68 Å
Zn 3345,02 Å

2.4 Bestimmung von Blei mit Dithizon

Da es bei vorliegender Prospektion hinsichtlich der Blei-Zink-Vererzung darauf ankam, Blei möglichst genau zu erfassen, und eine Bleibestimmung mit Hilfe des FD-U-Spektrographen nicht möglich ist, wurde diese kolorimetrisch mit Dithizon durchgeführt. Die Einwaage — in der Regel 0,5 g — wurde in einem 50-ml-Maßkolben mit je 1 ml HCl (1:1) und HNO_3 (1:1) bis zum völligen Entweichen der nitrosen Gase erhitzt, mit Wasser (bidestilliert) bis zur Marke aufgefüllt und noch eine Stunde auf dem Wasserbade erwärmt.

Aus dem Kolben wurde eine dem zu erwartenden Pb-Gehalt entsprechende Menge Lösung abpipettiert (2, 5, 10 ml), mit etwas bidestilliertem Wasser verdünnt und im 100-ml-Schüttelrichter unter Zusatz von Hydroxylaminhydrochlorit, KCN und Na-Citrat mit in Tetrachlorkohlenstoff gelöstem Dithizon bei pH ~ 9,5 ausgeschüttelt. Der Extrakt wurde anschließend mit KCN und dann mit Wasser ausgewaschen, im Maßkolben mit Tetrachlorkohlenstoff (bidestilliert) auf 50 ml aufgefüllt und die Extinktion unter Verwendung eines LANGE-Kolorimeters UK VII bei einer Wellenlänge von 545 μm und einer 30-mm-Küvette photometriert.

3. Darstellung der Werte

Für die Darstellung der Werte wurde wegen seiner Übersichtlichkeit das Isolinienverfahren gewählt, außerdem spricht der relativ geringe Probenabstand hierfür.

Sehr wichtig für die Darstellung ist die Festlegung des Schwellenwertes (Grenzwert zwischen dem normalen Untergrund und dem Bereich erhöhter Werte). Um einen guten Kontrast zwischen Kulmschiefer und Devonscholle zu erhalten, wurden die Werte des Profiles XI, die keine Beeinflussung durch die Henneberg-störung zeigen und völlig außerhalb der Scholle im Kulmschiefer liegen, zur Festlegung des Schwellenwertes benutzt.

Bei Pb, Cu und Zn wurde durch Verdoppeln jeweils der Wert des nächsthöheren Bereiches gebildet. Jede Verteilungskarte setzt sich aus fünf solchen Bereichen zusammen. Die Umrechnung der Photometerwerte wurde mit Eichkurven durchgeführt, denen die silikatische Grundmischung M 4 aus dem Spektrallabor der

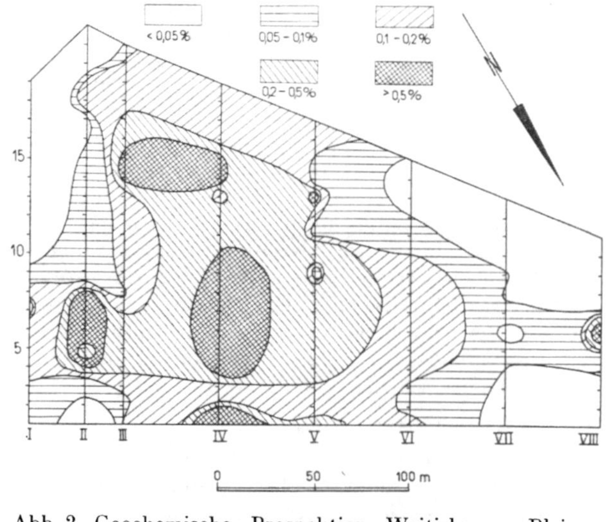

Abb. 2. Geochemische Prospektion Weitisberga. Bleiverteilungskarte

1 — < 0,05%; 2 — 0,05—0,1%; 3 — 0,1—0,2%; 4 — 0,2—0,5%; 5 — > 0,5%

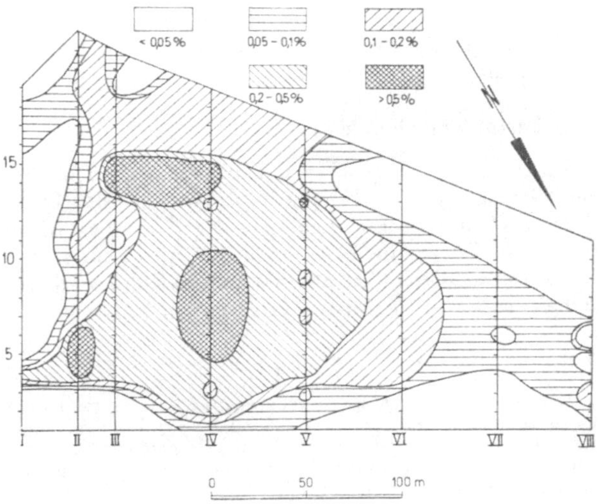

Abb. 3. Geochemische Prospektion Weitisberga. Zinkverteilungskarte
1 – < 0,05%; 2 – 0,05–0,1%; 3 – 0,1–0,2%; 4 – 0,2–0,5%; 5 – > 0,5%

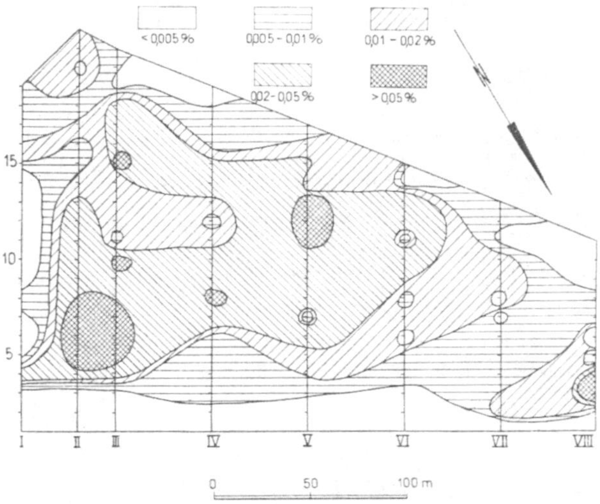

Abb. 4. Geochemische Prospektion Weitisberga. Kupferverteilungskarte
1 – < 0,005%; 2 – 0,005–0,01%; 3 – 0,01–0,02%; 4 – 0,02–0,05%; 5 – > 0,05%

Betriebsabteilung Jena des VEB Geologische Erkundung West zugrunde liegt.

4. Auswertung der Ergebnisse

Die von den Gehalten der Elemente Cu, Zn, Pb und Ag angefertigten Verteilungskurven zeigen große Ähnlichkeit. Besonders gut stimmen die Blei-, Silber- und die Zinkkarte (Abb. 2, 3 u. 5) überein, was auf die enge Vergesellschaftung dieser Elemente bei der Vererzung der Devonscholle zurückzuführen ist. Da diese Elemente auf ganz verschiedene Weise bestimmt wurden, beweist dies die richtige methodische Durchführung der Arbeiten.

Die Auswertung der Konzentrationskurven wird allerdings erschwert durch die im Prospektionsgebiet befindlichen Halden des früheren Bergbaus und durch die Möglichkeit, daß Haldenmaterial im Laufe der Jahre verschleppt wurde (Ackerbau, Wegebau). Von einer Einzelbeschreibung der Verteilungskurven jedes einzelnen Elementes wird abgesehen, da infolge der recht deutlichen Übereinstimmung der einzelnen Kurven eine allgemeine Beschreibung für ausreichend erachtet wird und für eine genaue Betrachtung sowieso die Verteilungskurven selbst (Abb. 2—5) herangezogen werden müssen. Die Auswertung geschieht unter Berücksichtigung der in der Aufgabenstellung angeführten Punkte.

4.1 Abgrenzung der Scholle gegen die Umgebung

Im SE-Teil des Prospektionsnetzes dürfte die Begrenzung der Devonscholle zwischen den Profilen I und II erfaßt sein. Charakteristisch für alle Abbildungen ist die Fortsetzung hoher Gehalte über Profil I hinaus zwischen den Punkten 3 und 5, was dem Verlauf der Hennebergstörung entsprechen dürfte.

Die NE-Begrenzung ist auf allen Karten außer der Bleiverteilungskarte sehr deutlich. Das Ausbuchten der Grenze zwischen Profil IV und V ist auf den Dispersionshof der auf Profil IV befindlichen Halde zurückzuführen. Auf der Bleikarte ist der Verlauf allerdings etwas unübersichtlicher, da auf Punkt 1 und 2 vom Profil IV noch recht hohe Werte auftreten, die den Kontrast zwischen Scholle und Kulmschiefer ziemlich verwischen. Inwieweit es sich hierbei um verschlepptes Haldenmaterial handelt, ist nicht bekannt.

Unter Berücksichtigung aller Verteilungsskurven kann man den Verlauf der Hennebergstörung zwischen die Profilpunkte 3—5 etwa parallel der Grundlinie legen.

Das spitze Auslaufen der Scholle nach N ist ganz offensichtlich. Der in allen Karten auftretende anomale Wert VIII/6 rührt wohl von verschlepptem Haldenmaterial her, da sich 10 m weiter nördlich eine alte Pinge befindet.

Das 50 m nördlich von Profil VIII gezogene Zusatzprofil brachte für Ag, Zn und Pb nur Werte, die denen der weißen Felder auf den Verteilungskurven entsprechen.

Lediglich bei Kupfer treten einige höhere Werte auf. Die Hennebergstörung läßt sich also im Gebiet nord-

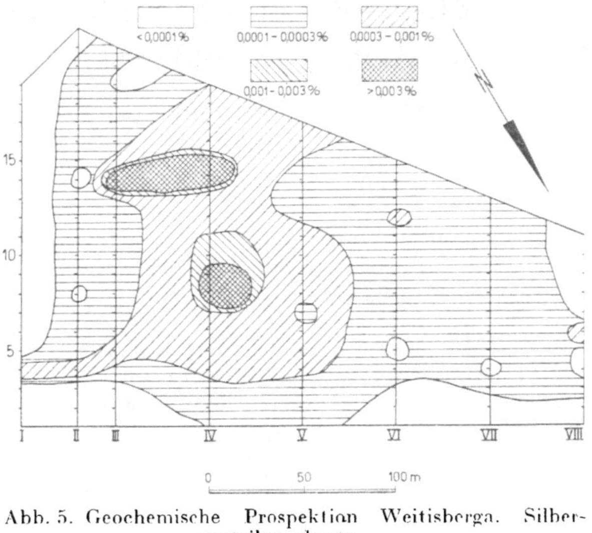

Abb. 5. Geochemische Prospektion Weitisberga. Silberverteilungskarte
1 – < 0,0001%; 2 – 0,0001–0,0003%; 3 – 0,0003–0,001%; 4 – 0,001–0,003%; 5 – > 0,003%

westlich der Scholle im Kulmschiefer nicht mehr nachweisen.

Die Westumgrenzung der Scholle kommt auf den Verteilungskarten — außer Silber — ebenfalls recht deutlich heraus.

4.2 Verteilung der Elemente innerhalb der Scholle

Etwa gleiche Ausdehnung auf allen Abbildungen — bei Kupfer sind die Kurven auf Grund der größeren Migrationsfähigkeit weiter ausgelegt — hat der links schrägschraffiert dargestellte Bereich (bei Silber rechts schrägschraffiert) zwischen den Profilen III und VI. Dieses Gebiet ist deutlich von Dispersionshöfen umgeben (Bereiche der rechten Schrägschraffur und waagerechten Schraffur), die ein kontinuierliches Abnehmen der Gehalte bis hinab zum Schwellenwert zeigen. Lediglich auf der NE-Seite (Hennebergstörung) findet die Aufeinanderfolge von der Anomalie zum Schwellenwert ohne große Übergänge statt.

Die breiteren Übergänge nach Norden dürften durch die fazielle Abfolge Skarn, Diabastuff, Schiefer bedingt sein.

Im Bereich der links schraffiert gezeichneten Anomalie lassen sich noch einige Flächen mit besonders hohen Werten ausscheiden. Die auf II/4—7 befindliche Anreicherung liegt etwa auf dem Schnittpunkt zwischen der Hennebergstörung und der NE—SW streichenden Verwerfung und dürfte durch diese hervorgerufen sein. Die beiden anderen, deren Lage und Ausdehnung (IV/5—10 und III—IV/14—15) bei Pb, Zn und Ag gut übereinstimmen, werden eindeutig durch Haldenmaterial hervorgerufen. Bei IV/5—6 befindet sich noch ein vom alten Bergbau herrührendes Stollenmundloch; die Pb- und Zn-Werte betragen hier z. T. über 1%.

Bei Kupfer treten die extrem hohen Werte auf den Halden nur andeutungsweise hervor. Die Ursache hierfür ist die große Migrationsfähigkeit des Kupfers, durch welche diese Anreicherungen verwischt werden.

Der auf allen Karten auftretende hohe Wert V/13 rührt höchstwahrscheinlich von verschlepptem Haldenmaterial her.

5. Schurfuntersuchungen

Einige nach der geochemischen Prospektion in diesem Gebiet angelegte Kartierungsschürfe wurden ebenfalls geochemisch untersucht. Die Resultate bestätigen in großen Zügen die Ergebnisse der Erkundung. Auf Einzelheiten dieser Arbeiten kann im Rahmen dieser Arbeit jedoch nicht eingegangen werden.

Zusammenfassung

Der Beitrag behandelt die Abgrenzung einer verskarnten Devonscholle gegen den umgebenden Kulmschiefer mit Hilfe geochemischer Untersuchungen. Die geologischen Verhältnisse und die zur Anwendung kommenden geochemischen Methoden werden beschrieben.

Резюме

В статье обсуждается выделение скарнированной глыбы девона от вмещающих сланцев кульма с помощью геохимических исследований. Описываются геологические условия и применяемые геохимические методы.

Summary

The article deals with the delimitation of a Devonian block transformed into skarn from the surrounding Culm schist using geochemical investigations. The geological conditions and geochemical methods applied are described.

Literatur

LIEBE, K. TH. & H. ZIMMERMANN: Geologische Karte mit Erläuterungen. Blatt Leutenberg (Nr. 5434) und Blatt Lobenstein (Nr. 5535).
MEINEL, G.: Ergebnisbericht über die Schurfarbeiten bei Weitisberga. — Jena 1959 (unveröff.).
— Bericht über die geologischen Untersuchungen im Tiefen Silberschlüsselstollen. — Jena 1959 (unveröff.).
Projektstudie über die 1961 in Thüringen durchzuführenden Prospektionsarbeiten. — Jena 1961 (unveröff.).

Durchführung und Auswertung von makropetrographischen Flözprofilaufnahmen in Tagebauen des östlichen Niederlausitzer Unterflözes[1]

BALDER PREUSS, Lauchhammer

(Mitteilung aus der Abt. Forschung und Entwicklung im VEB Braunkohlenkombinat Lauchhammer, Fachgruppe „Angewandte Kohlenpetrographie")

1. Vorbemerkungen

Jeder größere Bergbaubetrieb ist darauf angewiesen, den von ihm abzubauenden Rohstoff zum Zwecke der Planung seiner Betriebsanlagen sowie zur Qualitätsüberwachung seiner Erzeugnisse vor, während und nach der Gewinnung im erforderlichen Umfang zu überprüfen. Derartige kontinuierliche Überwachungen von Lagerstätten sind seit langem bekannt, erwähnt seien nur die der Steinkohlen- sowie der metallerzeugenden Industrie. Hier wie dort bilden ausgereifte Untersuchungen in allen Stadien der Erkundung die Grundlagen für weitsichtige Planungen.

Die briketterzeugende Braunkohlenindustrie hingegen begnügte sich jahrzehntelang mit verhältnismäßig einfachen Untersuchungen ihres Rohstoffs zumeist aus Bohrgutproben, die fast ausnahmslos mit der „Schappe" gewonnen und nach verschiedenen chemischen Methoden untersucht wurden. Derartige Praktiken, die dem Rohstoff in situ nicht genügend Rechnung tragen, sind infolge der zunehmenden Bedeutung, die die Braunkohle bereits bei uns erlangt hat und noch weiterhin bekommen wird (G. BILKENROTH & E. RAMMLER 1955), nicht mehr vertretbar.

Die nächstliegende Aufgabe der Fachgruppe „Angewandte Kohlenpetrographie" war es deshalb nach ihrer Entstehung (1957), die zum VEB Braunkohlen-

[1]) Eingang des Manuskripts in der Redaktion: 6. 2. 1963

kombinat (BKK) Lauchhammer gehörenden Tagebaue des Lausitzer Unterflözes (Kleinleipisch, Klettwitz, Grünewalde) nach makroskopisch erkennbaren Faziesmerkmalen an den Baggerschnitten und in den Entwässerungsstrecken kontinuierlich zu kartieren. Damit verbunden waren möglichst exakte Probenahmen an reproduzierbaren Stellen für umfassende laborphysikalische, chemische und mikroskopische Untersuchungen, besonders im Tagebau Kleinleipisch als dem Hauptlieferanten der in der Großkokerei des BKK Lauchhammer zu Braunkohlenhochtemperatur-(BHT-) Koks zu verarbeitenden Kohle. Diesen komplexen Untersuchungen ist um so mehr Bedeutung beizumessen, weil systematische Flözkartierungen oder Probenahmen an reproduzierbaren Stellen in den Tagebauen anderenorts bisher relativ selten waren und sind.

Nachdem bei den Tagebauuntersuchungen in der Westlausitz ein gewisser Erkenntnisstand erreicht worden war, erhielt die Fachgruppe von der VVB Braunkohle Cottbus, Sitz Senftenberg, durch Herrn Dipl.-Ing. Dr. h. c. KOPETSCHKE Aufträge zu Untersuchungen in der östlichen Lausitz, so z. B. der Tagebaue „Glückauf III", Spreetal, Bluno und Scado, hinsichtlich besonderer, produktionsgeologischer Probleme[2]).

Die Grundlage der nachfolgend beschriebenen makropetrographischen Flözprofilaufnahme in Tagebauen der Ostlausitz bildete ebenso wie im westlichen Verbreitungsgebiet des Unterflözes die Bemusterung der Kohlenarten: ungeschichtete (ug), schwachgeschichtete (sg), geschichtete (g) und xylitische (x) Kohle am bergfrischen Bruch nach den bekannten Merkmalen (B. PREUSS 1960).

2. Die Durchführung von makropetrographischen Flözprofilaufnahmen

Infolge des raschen Abbaufortschritts der Lausitzer Tagebaue ist es besonders wichtig, die Untersuchungsstellen höhen- und lagemäßig reproduzierbar anzulegen, um aus der Summe langjähriger Untersuchungen entsprechende Rückschlüsse ziehen zu können.

Stationierung

Für routinemäßige Flözprofilaufnahmen hat es sich als ausreichend erwiesen, das vorwiegend söhlig gelagerte Unterflöz in horizontaler Erstreckung alle 100 m auf seinen Aufbau zu untersuchen (bei speziellen Aufgaben oder in Gebieten raschen Fazieswechsels bzw. des Ausstreichens ist es vorteilhaft, diese Entfernung zu verkürzen). Als Bezugsstelle — „Station Null" — wird ein auf dem Kohlenplanum befindlicher und markscheiderisch eingemessener Punkt empfohlen, der sich aus naheliegenden Gründen möglichst in der Nähe des Drehpunktes des Tagebaues befinden soll. Von diesem Punkt aus wird mit der 100-m-Stationierung (eigentlich exakter: „Hektometrierung") begonnen, indem mittels Stahlbandmaß diese Entfernungen gemessen werden. Als vorteilhaft hat sich dabei erwiesen, die genauen 100-m-Abstände am Schienensteg eines Grubenbahngleises mit Ölkreide, zugleich mit der Bezeichnung der Station, anzubringen. An dem diesem Punkt nächstliegenden Fahrleitungsmast wird mit großen, weithin sichtbaren Ziffern die entsprechende Stationierung angebracht. Dieses Verfahren erleichtert die Auffindung der späteren Profilstellen erheblich. Die Schienenstegmarkierungen werden höhen- und koordinatenmäßig markscheiderisch eingemessen und sind damit jederzeit reproduzierbar. Es liegt jenseits aller Erörterungen, veränderliche Objekte wie z. B. transportable Unterkünfte, Telefon- oder Kraftleitungsmasten als Bezugspunkte anzusehen, wie es (wenn überhaupt) in der Vergangenheit geschehen ist (F. BETTENSTAEDT, W. BEYN, O. BUEBELE u. a. 1935).

Diese Art der 100-m-Stationierung ist zunächst von grundsätzlicher Bedeutung für die Durchführung und Genauigkeit der makropetrographischen Flözprofilaufnahme. Darüber hinaus bietet sie den im Tagebau Beschäftigten mancherlei Vorteile hinsichtlich der genaueren Lokalisierung bei eventuellen Vorkommnissen (Schienenbrüchen usw.). Außerdem besteht die Möglichkeit, zur Betriebsablaufkontrolle auf Zugbegleitzetteln den genauen Herkunftsort der geförderten Kohle anzugeben, um aus diesen Angaben graphische Fördermengenrapporte entwickeln zu können (siehe Abschnitt Fördermengenrapporte).

Die Stationierung im Tagebau und deren quartalsweise markscheiderische Vermessung bildet die Grundlage für die Darstellung der Lage der Profilstellen, für die genaue Anfertigung von Tagebauprofilen, Raumbildern und anderen graphischen Darstellungen der Ergebnisse von Flözkartierungen.

Ausrüstung und Stärke der Aufnahmegruppe, Probenahme

Die Durchführung einer kompletten Tagebauuntersuchung, die die kohlengeologischen und labortechnologischen Kenntnisse über den Aufbau bzw. das labortechnologische Verhalten der Kohle des Unterflözes vertiefen soll, besteht aus 1. der makropetrographischen Flözprofilaufnahme, 2. der Probenahme.

Einer Probenahme geht notwendigerweise eine makropetrographische Flözprofilaufnahme voraus, zumindest an der Stelle der Entnahme der Probe, während routinemäßige Flözkartierungen eine Probenahme nicht einschließen.

Wegen der schnelleren Überwindung der Anmarschwege bis zu den Untersuchungsstellen der makropetrographischen Flözprofilaufnahme (Personen- und Materialtransport) ist es vorteilhaft, die Aufnahmegruppe mit einem geländegängigen Fahrzeug auszurüsten. Bei uns ist dafür ein 350-ccm-Motorrad mit Beiwagen im Einsatz. Noch vorteilhafter wäre allerdings ein Krad mit Beiwagenantrieb oder gar ein zweckentsprechendes, allradgetriebenes Vierradfahrzeug.

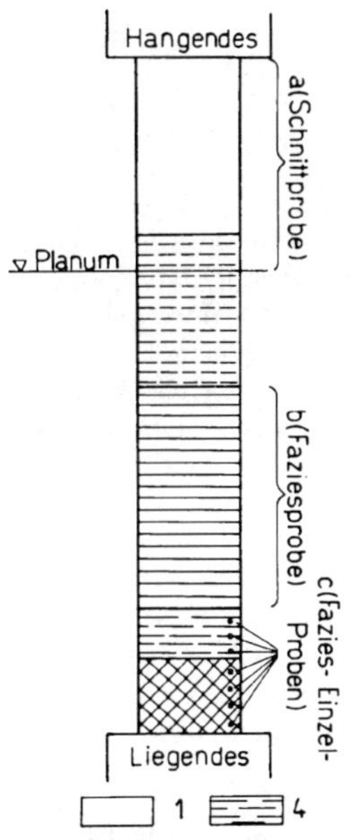

Abb. 1. Schema der Probenahmen

1 — ungeschichtete Kohle; 2 — schwachgeschichtete Kohle; 3 — geschichtete Kohle; 4 — un- bis schwachgeschichtete Kohle; 5 — xylitische Kohle

Daneben besteht die Ausrüstung einer Aufnahmegruppe für die makropetrographische Flözkartierung aus folgenden erwähnenswerten Utensilien: kleine Hacken, die sich seit 1956 (B. PREUSS 1957) immer wieder vorzüglich bewährten, Stahlbandmaß, Geologenkompaß, Strickleiter (10 m), Sicherheitsgurt und -leine, Eisenstäbe für die getrennte Befestigung der Strickleiter und des Sicherheitsgurtes, einem etwa 10 Pfund schweren Hammer zum Einschlagen der vorerwähnten Befestigungseisen, Ölkreide, Kamera, Verbandpäckchen sowie den für die eigentliche Kartierung erforderlichen Gerätschaften (u. a. zweckentsprechend bedruckte Feldblätter) nebst einem zweirädrigen, luftbereiften Fahrradanhänger, der die vorerwähnten Gegenstände sowie Proben aufnimmt. Aus Gründen der Arbeitsteilung und des Arbeitsablaufs hat sich sowohl bei den makropetrographischen 100-m-Flözkartierun-

[2]) Dieser Dienststelle, besonders Herrn Hauptdirektor Ing. NEIDACK, sei auch hier für die Veröffentlichungsgenehmigung einiger Untersuchungsergebnisse verbindlich gedankt.

gen als auch bei den Probenahmen in den Tagebauen immer wieder eine einsatzfreudige, möglichst aufeinander eingearbeitete Dreiergruppe unter der Leitung eines Geologen als vorteilhaft erwiesen.

Die gestellten Aufgaben legen die Art der Probenahme fest, es werden dabei von uns unterschieden (s. Abb. 1)[3]):

a) Schlitzproben: Zur Entnahme in Karbidfässer gelangen etwa 50 kg Kohle, die sämtliche am Ort der Probenahme vorhandenen Kohlenarten umfassen, die also den gesamten Hoch- oder Tiefschnitt eines Eimerkettenbaggers repräsentieren. Diese Proben werden bis zu Laborbriketts und -koks aufgearbeitet.

b) Faziesproben: Je nach dem Untersuchungszweck ist die Probenmenge verschieden groß. Die Probe wird so entnommen, daß sie in typischer Fazies liegt, also ohne Übergangstypen oder interfazielle Einlagerungen. Der Transport erfolgt in größeren Kunststoffsäcken.

c) Faziespunktproben (oder Fazieseinzelproben): Sie umfassen nur wenige Zentimeter einer Fazies und dienen ausschließlich Untersuchungen, bei denen die Probenmenge gering sein kann, z. B. bei mikroskopischen Untersuchungen im Anschliff oder Durchlicht, bei Remissionsmessungen, bei chemischen Analysen usw. Die Entnahmemenge beträgt etwa 1,5 kg. Das entspricht dem Fassungsvermögen von mittleren Beuteln aus Polyäthylenfolie („Perfolbeuteln").

Für spezielle Zwecke werden oft neben Schlitzproben auch Faziespunktproben entnommen, um z. B. die Fazieswechsel mikroskopisch erfassen zu können. Es ist dabei jedoch besonders zu beachten,

„... daß man dem Wesen eines Gebildes nicht auf die Spur kommt, wenn man es nur immer weiter auf seine Bestandteile zerlegt und dann jeden einzelnen Bestandteil einzeln studiert, da bei einem solchen Verfahren oft wesentliche Eigenschaften des Gebildes verlorengehen. Man muß vielmehr stets auch das Ganze betrachten und auf den Zusammenhang der einzelnen Teile achten. Stets ist das Ganze noch immer etwas anderes als die Summe der einzelnen Teile." (PLANCK, zitiert in F. HAASE & H. D. PFLUG 1958.)

Makropetrographische Profilaufnahme

Übersichtsbegehungen

Vor Beginn der eigentlichen Flözkartierung erfolgt zweckmäßigerweise eine gründliche Übersichtsbegehung, um sowohl die allgemeine Tagebausituation als auch das Flöz zunächst als Ganzes kennenzulernen. Bereits dabei werden alle beobachteten Besonderheiten sorgfältig notiert (wie z. B. lokale Sandnester, Gelanreicherungen usw.). Am Ende der Tagebauarbeiten findet nochmals eine Übersichtsbegehung statt. Mit diesen zweimaligen Begehungen ergibt sich die Möglichkeit, vor allem anorganische Einlagerungen zu ermitteln, die von Bohrungen wegen ihres lokalen Vorkommens nicht zu erfassen sind, die jedoch andererseits den Verwendungszweck der Kohle entscheidend beeinflussen können (siehe hierzu auch Abschnitt Technische Profile).

Vorbereitung der Flözkartierung

Die Flözkartierung geschieht sowohl a) an Flachböschungen; b) an senkrechten Baggerschnitten.

Im Beispiel a) wird die Kohlenböschung an der betreffenden Stelle von allem Lockermaterial beräumt, so daß das Anstehende in einem etwa ein Meter breiten Streifen zutage liegt. Der Böschungswinkel sowie die Flache Länge werden ermittelt, um alle Angaben später auf saigere Mächtigkeit beziehen zu können.

Abb. 2. Makropetrographische Flözkartierung (Tgb. Sedlitz, 1962)

Im Beispiel b) erfolgt nach gründlicher Beräumung des Hangenden bzw. des Planums von lockerer Kohle die Befestigung der Strickleiter an zwei der erwähnten Verankerungseisen. Die Sicherung des Untersuchenden geschieht bei hohen senkrechten Schnitten mittels Sicherungsleine und -gurt von einem am Strickleiteranfang Stehenden, indem dieser die Sicherungsleine zunächst mit einer Fangschlinge am dritten Rundeisen befestigt und je nach dem Fortgang der Arbeiten die Leine entsprechend verkürzt, so daß diese stets straff ist (Abb. 2).

Aufnahmemethodik

Die Aufnahmemethodik ist in beiden Fällen die gleiche: Das Profil wird vom Liegenden nach dem Kohlenplanum bzw. von dort nach dem Hangenden so mit der Probenhacke bemustert, daß die Beurteilung der Kohlenarten zentimeterweise am bergfrischen, bankrechten Bruch erfolgt. Dabei werden alle beobachteten Besonderheiten unter Angabe der Mächtigkeit der Flachen Länge sorgfältig notiert, wie z. B.: FeS_2-Bildungen auf Klüften, Gel-, Retinit- oder Bitumenanreicherungen, anorganische Einlagerungen, Fusitvorkommen, Mächtigkeiten von Xyliten und Stubben, Vorkommen von Nadelkohlen, Blätterkohlen, Palmenholzresten usw. Außerdem gingen wir dazu über, die Kohlenarten nach noch feineren als den bekannten Merkmalen zu untergliedern. Ob oder inwieweit diese weitere Untergliederung gerechtfertigt oder notwendig ist, wird sich im Laufe der Zeit und im Zusammenhang mit weiteren laborphysikalischen und mikroskopischen Untersuchungen herausstellen.

[3]) Von der Arbeitsgemeinschaft „Kohlenpetrologische Untersuchungen bei der Erkundung von Braunkohlenlagerstätten" wurden andere Signaturen als die hier wiedergegebenen vorgeschlagen. Die bisherigen Zeichen stehen z. T. im Widerspruch zur DIN 21900.

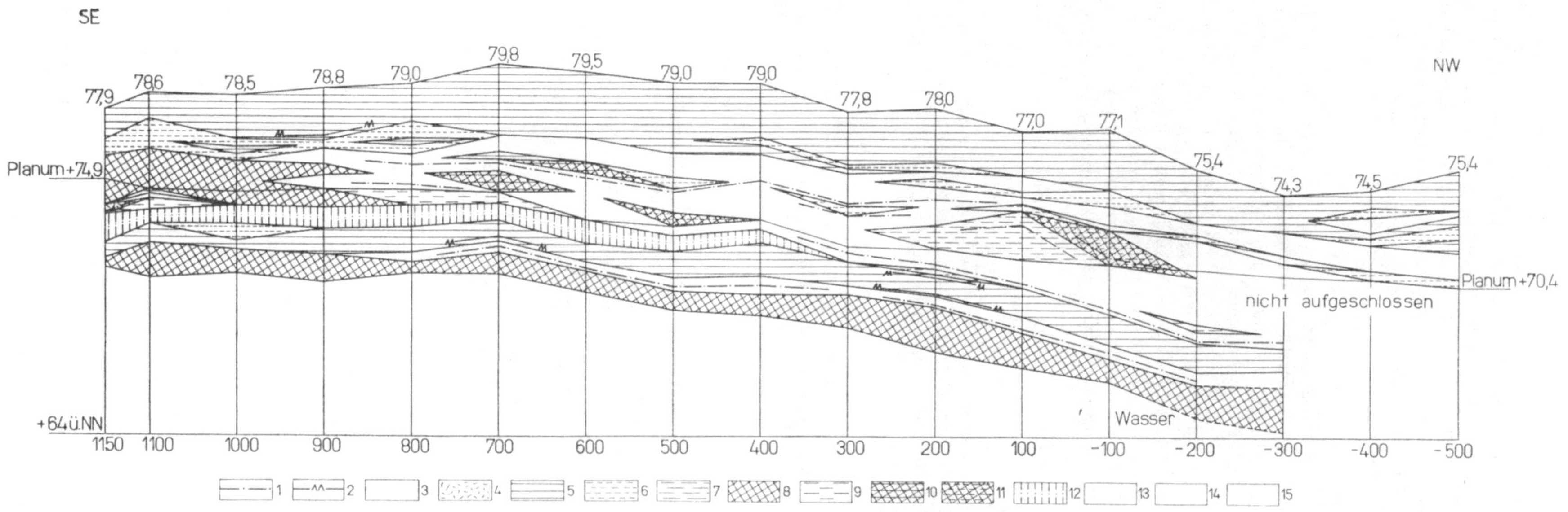

Abb. 3. Makropetrographisches Profil des Tagebaus Bluno

1 – ungeschichtete Kohle; 2 – ungeschichtete Kohle mit Detritus; 3 – geschichtete Kohle; 4 – schwachgeschichtete Kohle; 5 – schwach- bis ungeschichtete Kohle; 6 – xylitische Kohle; 7 – Mulmkohle; 8 – geschichtete Kohle mit Xylit; 9 – schwachgeschichtete Kohle mit Xylit; 10 – Zwischenmittel; 11 – Kesselkohle; 12 – zur Verkokung bedingt verwendbar; 13 – Kokskohle; 14 – Bitumenkohle; 15 – Nadelkohle

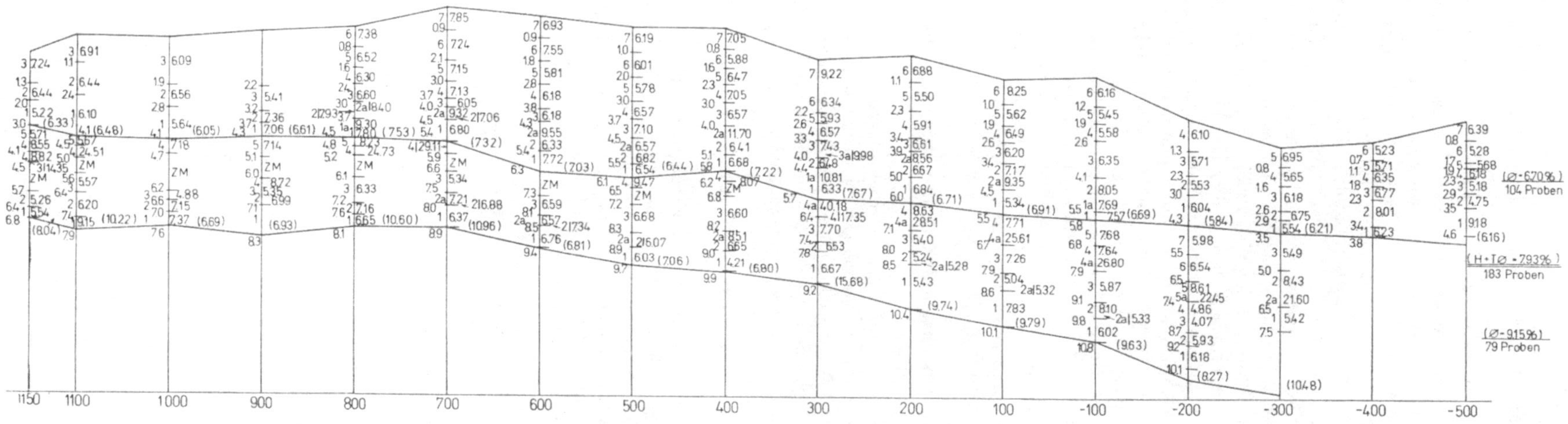

Abb. 4. Darstellung der Aschengehalte des Tagebaus Bluno

Helle Bänder

Seit längerer Zeit sind aus Mitteldeutschland, dem Rheinland und der Oberlausitz hellere Straten inmitten dunklerer Kohlenschichten bekannt (siehe hierzu u. a. E. WÖLK 1934, H. KOLBE 1937, W. KRUTZSCH 1951). Auf die makropetrographischen Flözkartierungen und die dabei vorgenommenen sorgfältigen Detailbeobachtungen sowie Übersichtsbegehungen ist es zurückzuführen, daß neben den seit längerer Zeit bekannten lokalen Bitumenkohlen (u. a. F. KIRCHHEIMER 1932, H. JACOB & M. SÜSS 1958) in den Unter- und Oberflöztagebauen der Niederlausitz über weite Strecken aushaltende „helle Bänder" festgestellt werden konnten (B. PREUSS & M. SÜSS 1963). Nach dem Feldbefund können folgende Typen „heller Bänder" unterschieden werden: 1. „helle Bitumenbänder", im wesentlichen ohne makroskopisch sichtbares anorganisches Material, 2. „helle Bänder" mit makroskopisch erkennbaren klastischen Beimengungen, 3. Sandbänder.

Dieses Beispiel soll zeigen, welche feinstratigraphischen Ergebnisse sich selbst in Tagebauen mit meist frisch gebaggerten Kohlenstößen mit Hilfe systematischer Feldbeobachtungen erreichen lasse, denn einigen hellen Bändern ist der Wert von typischen Leitschichten beizumessen.

3. Die Auswertung von makropetrographischen Flözprofilen

Die Ergebnisse makropetrographischer Flözprofilaufnahmen können vielseitig ausgewertet werden. Sie dienen im BKK Lauchhammer vorzugsweise dazu, die zur Zeit noch nicht genau bekannten Ursachen für die Schwankungen der Produktion zu klären. Sie gestatten in Verbindung mit anderen Untersuchungsergebnissen bereits jetzt gewisse technologische Aussagen (G. VOIGT 1963). Sie stellen Kontrollmöglichkeiten für die erbohrten Kohlenkerne von Kernbohrungen dar, die nach dem vorstehend dargelegten Prinzip ebenfalls makropetrographisch bemustert werden. Daneben bilden sie Dokumentationsmaterial für das Lagerstättenarchiv, und nicht zuletzt sind sie die Grundlage für produktionsgeologische Hinweise.

Makropetrographische Flözprofile

Alle Darstellungen, Auswertungen und Vergleiche basieren auf der Umrechnung der Feldblattangaben (aufgenommen in Metern Flacher Länge) auf saigere Mächtigkeiten. Die Profildarstellung geschieht nach der markscheiderisch vermessenen Höhenlage des Flözes über NN. Mit dieser Darstellung wird die Lage des Flözes im Raum verdeutlicht. Eine Kontrollmöglichkeit der bei der makropetrographischen Flözkartierung ermittelten Mächtigkeiten bietet das markscheiderische Flözaufmaß.

Westlausitz

In den Tagebauen des BKK Lauchhammer erfolgten bis 1960/61 monatliche Flözprofilaufnahmen. Seit dieser Zeit werden die Profile nur noch vierteljährlich makropetrographisch untersucht. Mit anderen Worten heißt das, daß z. B. im Tagebau Kleinleipisch von 1958 bis Ende 1962 etwa 1000 makropetrographische Flözprofile untersucht worden sind, womit dieser Tagebau im Hinblick auf die Untersuchungen der Flözzusammensetzung der wohl am eingehendsten untersuchte sein dürfte. Zwei Ergebnisse der Flözkartierungen im Raum Lauchhammer sind unter anderem (G. VOIGT 1963): 1. Die durchschnittliche Flözmächtigkeit ist über den Untersuchungszeitraum hinweg etwa die gleiche geblieben. 2. Die Mächtigkeitsschwankungen der Kohlenarten sind in den oberen Teilen des Flözes relativ groß, während die basalen Flözteile in ihrer Mächtigkeit über den Untersuchungszeitraum nahezu konstant geblieben sind (siehe auch Tab. 1).

Ostlausitz

1960 wurden aus produktionsgeologischen Gründen makropetrographische Flözkartierungen in den folgenden Unterflöztagebauen der Ostlausitz durchgeführt: 1. „Glückauf III" (ca. 15 km nordöstlich von Hoyerswerda); 2. Spreetal (ca. 5 km nördlich von Hoyerswerda); 3. Bluno (ca. 10 km nordwestlich von Hoyerswerda); 4. Scado (ca. 5 km nordöstlich von Senftenberg). Die Ergebnisse dieser Flözkartierungen sind in Tab. 1 zusammengefaßt.

Die in Tab. 1, Tagebau „Glückauf III", in Spalte „Sonstiges" ausgewiesenen 40,60% bestehen vorwiegend aus Mulmkohle. Unter diesem Sammelbegriff werden mit der Hand leicht zerdrückbare, sehr bröcklige, „mürbe" Kohlen zusammengefaßt, die sich im oben aufgeführten Tagebau seinerzeit vorzugsweise im oberen Teil des Flözes befanden und die dort offenbar

Tabelle 1. Prozentualer Anteil der Faziestypen in einigen Tagebauen des östlichen Niederlausitzer Unterflözes

Jahr	Tagebau	Kohlenarten				Zwischenmittel	tonig-sandige Einlagerungen	Gele („Dopplerit")	Haufwerk	Sonstiges	Bemerkungen
		ungeschichtete Kohle	schwachgeschichtete Kohle	geschichtete Kohle	xylitische Kohle						
1960	„Glückauf III"	1,10	6,30	37,70	14,20					40,60[1])	einmal. Unters.
1960	Spreetal	32,60	19,80[2])	35,60[3])	9,60	0,20[4])			0,40	1,70	,, ,,
1960	Bluno	25,90	10,90[5])	36,00	16,20	4,60[6])			2,70	5,10[7])	,, ,,
1960	Scado	33,90	9,80	47,00	8,60	0,70[8])					,, ,,
1962	Sedlitz	20,70	14,20	49,80	14,70				0,60		,, ,,
Zum Vergleich Unterflözdurchschnitt		21,85	17,55	36,86	11,07	1,59	1,13	3,40	2,70	16,00	Durchschnitt aller bisherigen Untersuchungen in der West- und Ostlausitz (1958 bis Mitte 1962)

[1]) vorwiegend Mulmkohle, [2]) mit 8,9% interfaziellen Anteilen ug/sg, [3]) mit 0,5% interfaziellen Anteilen sg/g, [4]) Braunkohlenschluff („Letten"), [5]) mit 2,6% interfaziellen Anteilen ug/sg, [6]) Braunkohlenschluff („Letten"), [7]) Mulmkohlen plus sg/x, [8]) Braunkohlenschluff („Letten")

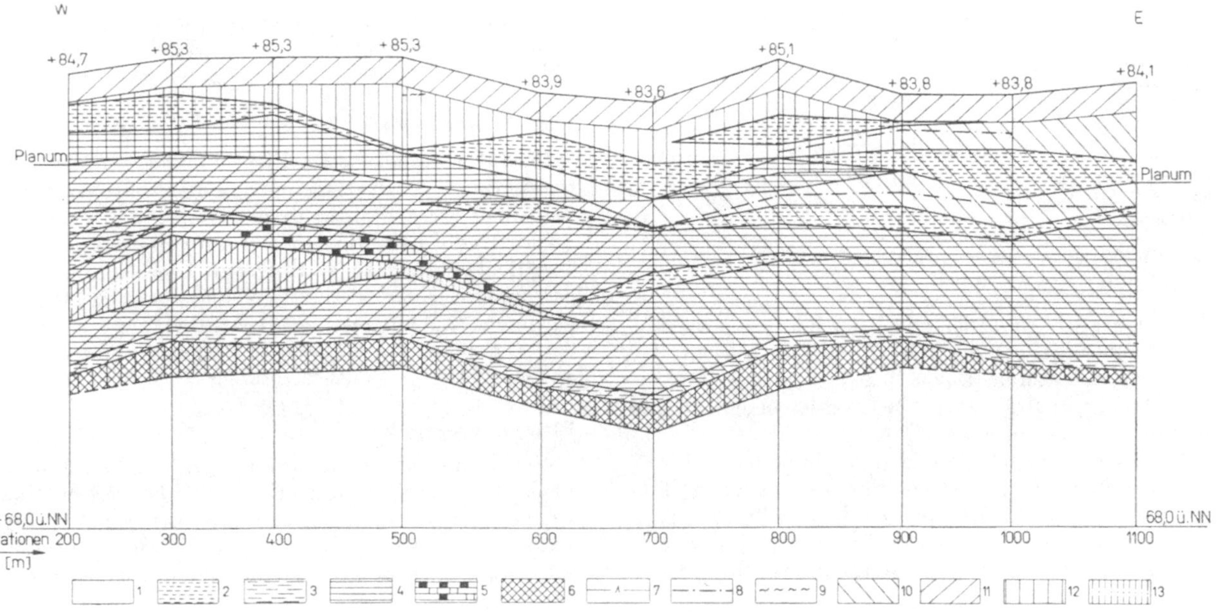

Abb. 5. Teilausschnitt eines technologischen Profils des Tagebaus Kleinleipisch

1 – ungeschichtete Kohle; 2 – schwachgeschichtete Kohle; 3 – schwach- bis ungeschichtete Kohle; 4 – geschichtete Kohle; 5 – geschichtete Kohle mit Doppleritschmitzen; 6 – xylitische Kohle; 7 – Nadelkohle; 8 – bitumenhaltige Kohle; 9 – Fusit; 10 – Kokskohle; 11 – zur Verkokung bedingt verwendbar; 12 – Kesselkohle; 13 – Zwischenmittel

infolge glazigener Beeinflussung des Flözkörpers entstanden sind. Im Tagebau Sedlitz z. B. befinden sich Mulmkohlen in der näheren Umgebung der dort sehr eindrucksvoll ausgebildeten Flözstörung (Sprunghöhe ca. 5 m). Die Entscheidung, welche Kohlenarten sich unter diesem Begriff der „Mulmkohle“ verbergen, ist schwierig und nicht immer präzise, da infolge ihres petrographischen Aufbaus die ungeschichtete und die schwachgeschichtete Kohle bei entsprechender Beanspruchung offenbar besonders zu Mulmkohlenbildung neigen.

Das Profil des kohlengeologisch in mancherlei Hinsicht interessanten und aufschlußreichen Tagebaus Bluno soll die Darstellung der makropetrographischen Flözkartierungen verdeutlichen (s. Abb. 3). Dieser Tagebau wies 1960 ein Zwischenmittel auf, das etwa in der Mitte des Tagebaus auskeilte. Dadurch bedingt war die Flözzusammensetzung z. B. bei den Stationen 100 m und 1000 m unterschiedlich. Als besonders auffällig müssen das Vorkommen von xylitischer Kohle über einem Teil des Zwischenmittels sowie das Fehlen der sonst meist vorhandenen Schicht „ungeschichtet/schwachgeschichtet“ über der xylitischen Basiskohle im südöstlichen Bereich des Zwischenmittels angesehen werden. Die vertikale Abfolge der Lithotypen bei Station 100 m kann wohl als die für größere Gebiete der östlichen Lausitz übliche gelten (die Bezeichnung der Stationen erfolgte im nordwestlichen Teil des Tagebaus Bluno aus aufnahmetechnischen Gründen mit negativen Vorzeichen).

Deckpausen zu makropetrographischen Flözprofilen

Wie in anderen Gebieten der Geologie (z. B. Baugrundkartierung) haben sich auch in Verbindung mit der Darstellung der Flözzusammensetzung Deckpausen gut bewährt, auf denen z. B. Aschengehalte oder bestimmte chemische Untersuchungsergebnisse dargestellt werden können. Abb. 4 stellt im Original eine Deckpause zu dem obenerwähnten makropetrographischen Profil des Tagebaus Bluno dar. Die Stationen werden durch senkrechte Striche dargestellt, an deren linken Seiten die Mächtigkeit der mit der Probe erfaßten Fazieseinheiten (auf Dezimeter auf- bzw. abgerundet) angegeben sind. Gleichfalls auf der linken Seite steht die Nummer der Proben, während auf der rechten Seite die dazugehörenden Aschengehalte (w_f) erscheinen. Die mit „a“ zusätzlich bezeichneten Proben bedeuten „helle Bänder“ bezw. lokale „Bitumenkohlen“. Deren jeweils höherer Aschengehalt ist offensichtlich.

Aschengehalte

Entsprechend der gestellten Aufgabe waren u. a. auch die durch exakte Probenahmen erhaltenen Aschengehalte der Kohle zu ermitteln, weil sich gewisse Differenzen zwischen den aus Bohrproben gewonnenen Aschengehalten zu den effektiv rapportierten Kesselkohlenmengen ergeben hatten. In Tab. 2 sind die durchschnittlichen Aschengehalte (w_f) der betreffenden Tagebaue wiedergegeben.

Diese an sich durchweg geringen Aschengehalte dürfen jedoch selbst ohne Kenntnis des Schwefelgehaltes nicht dazu verleiten, die Kohlen dieser Tagebaue (nach Bilkenroth & Rammler) als „Kokskohlen“ einzustufen (Aschengehalt dafür max. 10% w_f). Diese niedrigen Aschengehalte stammen, wie bereits dargelegt, aus Faziesproben, wobei Zwischenmittel, lokale anorganische Einlagerungen des Hochschnitts sowie bedauerlicherweise oft vorhandene Überreste des Deckgebirges, die ebenfalls mit in die Förderung eingehen, unberücksichtigt blieben. Der im Fördergut effektiv vorhandene

Tabelle 2. Durchschnittsaschengehalte (w_f) einiger Tagebaue der Ostlausitz

Tagebau	Hochschnitt	Tiefschnitt	Gesamt
„Glückauf III"	7,3 (131)	5,9 (69)	6,6 (200)
Spreetal	6,3 (101)	5,4 (93)	5,8 (194)
Bluno	6,7 (104)	9,15 (79)	7,9 (183)
Scado	6,7 (151)	5,5 (86)	6,1 (237)
Kleinleipisch	6,2	4,4	5,3

(Werte in Klammern = Probenanzahl)

Aschengehalt ist zwar höher als der hier ausgewiesene, damit konnte jedoch der Beweis erbracht werden, daß bei gewissenhafterem Baggern durchaus eine Senkung des Aschengehalts des Fördergutes möglich sein müßte.

Die bei Übersichtsbegehungen (s. Abschnitt 2, S. 286) beobachteten anorganischen Einlagerungen im Flöz werden ebenfalls auf Deckpausen dargestellt. Sie bilden mit den technologischen Profilen (s. u.) eine zweckmäßige Ergänzung zur Gesamtkenntnis der kohlengeologischen Verhältnisse eines Tagebaues und sind damit vor allem auch für die Tagebauleitung von Wichtigkeit.

Technologische Profile

Produktionsgeologische Darstellungen für die Tagebauführung werden als technologische Profile bezeichnet. Auf ihnen werden z. B. für den Tagebau Kleinleipisch nach unseren Erfahrungen und unter Berücksichtigung von Beobachtungen der Übersichtsbegehungen an sich gewinnbare Koks-, Brikettier- und Kesselkohlen ausgewiesen. In Abb. 5 ist zur Verdeutlichung des Prinzips der Darstellung der technologischen Profile ein entsprechender Ausschnitt dargestellt.

Fördermengenrapporte

Bei Kenntnis des makropetrographischen Flözaufbaus und der Herkunftsorte der gebaggerten Kohle ist es möglich, die tägliche Fördermenge eines Tagebaus zu Fördermengenrapporten zusammenzufassen und wahlweise festzulegenden Betriebswerten

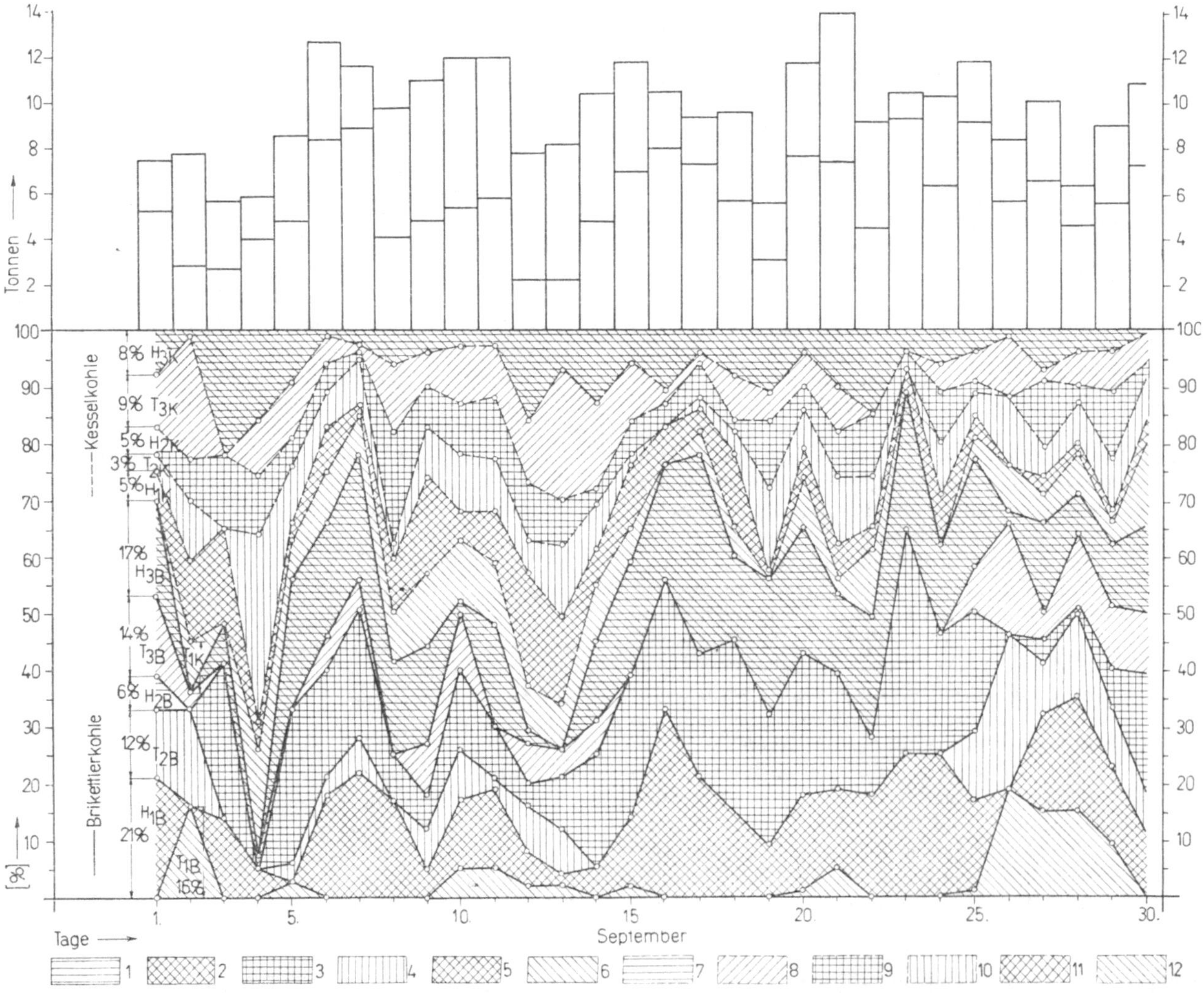

Abb. 6. Darstellung der Schichtförderanteile des Tagebaus Bluno (Angaben in 1000 t)

1 – H3B; 2 – T3B; 3 – H2B; 4 – T2B; 5 – H1B; 6 – T1B; 7 – H3K; 8 – T3K; 9 – H2K; 10 – T2K; 11 – H1K; 12 – T1K
Die oberen Abschnitte der Säulenprofile stellen Kesselkohle, die unteren Brikettierkohle dar.

gegenüberzustellen, wie dies für das BKK Lauchhammer mit der täglichen Rohkohlenförderung, den Herkunftsorten der Kohlen, dem daraus gebildeten Förderschwerpunkt und dem Koksabrieb des BHT-Kokses vorgenommen worden ist (G. Voigt 1963).

In etwas modifizierter Form haben sich diese graphischen Darstellungen auch in anderen Tagebauen bei besonderen Problemstellungen bewährt, wie mit dem Ausschnitt aus einer größeren Zusammenstellung des Tagebaus Bluno in Abb. 6 gezeigt werden soll. Die Aufgabe bestand darin, das Verhältnis von geförderter Brikettier- zu Kesselkohle unter Berücksichtigung der drei Schichten — getrennt nach Hoch- und Tiefschnittanteilen — graphisch darzustellen.

Die Bezugsbasis von 100% bildete die rapportierte Tagesleistung des Hoch- und Tiefschnitts von Brikettier- und Kesselkohle. Die Schichtrapportierungen wurden auf die Tagesförderung bezogen und dargestellt. Abb. 6 erhält im Zusammenhang mit betrieblichen, hier nicht darzulegenden Gegebenheiten noch weit mehr Aussagekraft.

4. Schlußbemerkungen

Die Durchführung von makropetrographischen Flözprofilaufnahmen wird in dem Maße ständig an Bedeutung zunehmen, wie die Braunkohle nicht mehr vorwiegend zu Feuerungszwecken verwendet wird, sondern der Gewinnung von Grundlagenerzeugnissen für die chemische Industrie dient. Obwohl die vorstehend dargelegten Flözkartierungen vor allem produktionsgeologischen Zwecken dienen, helfen sie doch auch gleichzeitig unsere Kenntnisse z. B. über den horizontalen und vertikalen Flözaufbau und die dabei stattfindenden Fazieswechsel zu vertiefen. Damit wird unwiederbringliches Material für die praxisverbundenen Wissenschaften, z. B. die Kohlenpetrographie, die Geologie und die Kohleveredelung, gesichert. Dies wird künftig noch mehr als bisher gestatten, auch die briketterzeugende und -veredelnde Braunkohlenindustrie von der rohstofflichen Seite aus günstig zu beeinflussen.

Verf. möchte den unermüdlichen Helfern der Flözkartierungen auch an dieser Stelle für ihre ständige Einsatzfreudigkeit unter oft schwierigsten Bedingungen und Witterungsverhältnissen danken.

Zusammenfassung

Die Kenntnis über Flözlagerung und -aufbau beruhte bisher auf Ergebnissen, die sich meist nur aus chemischen Untersuchungen von herkömmlich niedergebrachten Bohrungen ergaben. Infolge der höheren Ansprüche, die besonders im Zusammenhang mit der Braunkohlen-Hochtemperaturverkokung an den Rohstoff gestellt werden, wurden systematische Kartierungen und Probenahmen an reproduzierbaren Stellen in Tagebauen des Niederlausitzer Unterflözes entwickelt. Über deren Durchführung und über einige bewährte Auswertungs- und Darstellungsmöglichkeiten wird am Beispiel einiger Tagebaue der östlichen Niederlausitz berichtet. Es wird dargelegt, wie diese Ergebnisse, die vor allem produktionsgeologischen Zwecken dienen, gleichzeitig auch kohlenpetrographisch-stratigraphischen Belangen nützlich sein können.

Резюме

Знание о залегании и строении пласта до сих пор было основано на результатах, полученных большей частью из химического исследования скважин, пробуренных обычным способом. Вследствие повышенных требований, предъявляемых к сырью особенно в связи с производством буроугольного высокотемпературного кокса, разрабатывались систематические картировочные работы и взятие проб на воспроизводимых местах в открытых разработках Нижнелужицкого нижнего пласта. На примере нескольких открытых разработок восточной Нижней Лужицы сообщается о проведении этих работ, а также о благонадежных возможностях интерпретации и изображения. Излагается, как эти результаты, служащие прежде всего производственно-геологическим целям, одновременно могут быть полезными и для целей петрографии углей, а также стратиграфии.

Summary

The knowledge of seam bedding and structure was hitherto based on results mostly following only from chemical analyses of conventionally sunk drillings. Owing to greater demands particularly made on the raw material in connection with brown-coal high temperature coking, systematic mapping has been made and samples have been taken from reproducible places in opencast mines of the Lower Lusatian bottom seam. Their realization and some tried possibilities of evaluation and representation are illustrated by the example of some opencast mines of eastern Lower Lusatia. It is described that these results serve above all production-geological purposes and, simultaneously, can also be useful to coal petrographical-stratigraphical interests.

Literatur

Bettenstaedt, F., W. Beyn, O. Buebele u. a.: Der heutige Stand der Geiseltalforschung, die Gliederung des Kohlenprofiles der Grube Cecilie und Leonhardt und die Horizontierung der Wirbeltierfunde. — Nova Acta Leop., N. F., **3**, Nr. 11, S. 61–122, Halle/S. 1935.

Bilkenroth, G. & E. Rammler: Entwicklungsfragen der Braunkohlenverarbeitung unter Berücksichtigung der Lagerstättenverhältnisse. — Freiberger Forsch.-H., A 33, S. 32–59 (1955).

Haase, F. & H. D. Pflug: Fazies und Brikettierbarkeit der niederrheinischen Braunkohlen. — Fortschr. Geol. Rheinld. und Westf., Bd. 1 und 2, S. **614** ff., Krefeld 1958.

Jacob, H. & M. Süss: Vorschläge zur graphischen Auswertung von Braunkohlenuntersuchungen in Profildarstellung. — Bergakademie, **10**, H. 10, S. 521–527 (1958).

Kirchheimer, F.: Über einen Schwelhorizont im Unterflöz der Niederlausitz. — Ztschr. „Braunkohle", **51**, 31, S. 900–902 (1932).

Kolbe, H.: Aufbau und Bildung der mitteleozänen Braunkohlenflöze in Mitteldeutschland. — Ztschr. prakt. Geol., **45** (1937), sowie Braunkohlenarchiv, **53**, S. 1–47 (1939).

Krutzsch, W.: Stratigraphie, Lagerung, Kohlenfazies und Entstehung der mitteleozänen Braunkohlen im Gebiet des Tagebaues Neumark-West. — Dipl.-Arb. des Geol.-pal. Inst. Halle/S., 1951.

Preuss, B.: Braunkohlenpetrographische Untersuchungen in der Oberkohle der Nordwand des Tagebaues Neumark-W./Geiseltal. — Dipl.-Arb. des Geol.-pal. Inst. Halle/S., 1957.

— Zur Feldansprache von Braunkohlenarten im Raume Lauchhammer N./L. — Freiberger Forsch.-H. A 160, S. 62–66 (1960).

Preuss, B. & M. Süss: Über das Vorkommen von hellen Bändern in der Niederlausitz und deren komplexe Laboruntersuchungen. — Bergakademie (im Druck).

Voigt, G.: Probleme bei der Kokskohlengewinnung. — Freiberger Forsch.-H. A 259 (im Druck).

Wölk, E.: Mächtigkeit, Gliederung und Entstehung des niederrheinischen Hauptbraunkohlenflözes. — Ber. Vers. niederrh. geol. Ver., **28**, Bonn 1934.

Interne Berichte der Forschungsabteilung im VEB Braunkohlenkombinat Lauchhammer, Fachgruppe „Angewandte Kohlenpetrographie".

Zeitschrift für angewandte Geologie (1963) Heft 6

Klassifikation der Braunkohlen nach ihren petrographischen Besonderheiten[1)]

I. I. AMMOSSOW & N. I. BABINKOWA

Bei der Verwertung der Braunkohle nicht nur als Brennstoff, sondern als chemischer Rohstoff ist eine gründliche Untersuchung ihrer Zusammensetzung und Eigenschaften sowie eine auf genetischer Grundlage aufbauende technische Klassifikation notwendig. Im folgenden sind die Resultate der petrographischen Untersuchung von Braunkohlen verschiedenen geologischen Alters aus einer großen Anzahl von Lagerstätten der Sowjetunion zusammengestellt.

Bei den Untersuchungen wurden die Ermittlungen des Gehaltes an Mikrokomponenten[2)] in der Kohle an Flözdurchschnittsproben und die Bestimmungen des Stadiums der Epigenese und Diagenese nach dem Reflexionsvermögen durchgeführt. Die Einteilung der Kohlen nach den Mikrokomponenten erfolgte entsprechend dem Beschluß der Allunionskonferenz der Kohlenpetrographen.[3)]

Nach dem Gehalt an Komponenten der Gruppen des Vitrinits V_t, des Semivitrinits S_v und des Fusinits F wurden die Braunkohlen in vier Gruppen eingeteilt (Tab. 1 und 2).

In den Braunkohlen des Typs 1 überwiegen die Komponenten der Gruppe des Vitrinits, sie betragen 75% der gesamten Kohle. Die Bildung der Kohlen dieses petrographischen Typs ging wahrscheinlich in mit Wasser bedeckten Torflagern vor sich, wo anaerobe Prozesse überwogen, welche zur Bildung der Komponenten der Gruppe des Vitrinits beitrugen. Nach dem makroskopischen Befund sind die untersuchten Kohlen des Typs 1 in der Hauptsache Halbglanzkohlen.

Die Kohlen des Typs 2 zeichnen sich durch den größten Gehalt an Komponenten der Gruppe des Semivitrinits aus, welche im Mittel 30% betragen. Nach petrographischen Kennzeichen ist diese Gruppe ein Übergang zwischen Vitrinit und Fusinit. Es sind darin Semicollinit und Semitelinit[4)] vereinigt. Die Bildung der Kohlen des Typs 2 ging außer in kurzen Perioden der Aerobie ohne Zutritt von Sauerstoff vor sich. Nach den untersuchten Proben zu schließen, sind diese Kohlen in den Ablagerungen des Juras, der Trias und des Karbons verbreitet.

Im Bestand der Kohlen des Typs 3 beobachtet man große Mengen von Fusinit, welcher im Mittel 35% beträgt. Die Kohlen dieses Typs sind in der Hauptsache Halbmatt- und Mattkohlen. Sie bildeten sich unter Bedingungen, bei welchen im Torflager ein häufiger Wechsel von aeroben und anaeroben Verhältnissen vorkam, wobei Reaktionen der unvollständigen Oxydation der organischen Substanz vor sich gingen, welche die Umwandlung eines bedeutenden Teiles des Lignin-Zellulose-Gewebes der kohlenbildenden Pflanzen in Fusit hervorriefen. Die Kohlen der untersuchten Proben dieses Typs gehören zu den Ablagerungen des Tertiärs, des Juras, der Trias und des Karbons.

Eigenartig ist die Kohle des petrographischen Typs 4. Sie besteht fast ganz aus Komponenten der Gruppe des Fusinits, welcher 89% beträgt, wobei der Fusinit mit 23% und der Semifusinit mit 66% beteiligt sind.

Tab. 1. Petrographische Zusammensetzung von Kohlen der Hauptbraunkohlenlagerstätten der Sowjetunion

Bezeichnung der Lagerstätten und Kohlenreviere	Gehalt an Mikrokomponenten %				Klassifikationsuntergr. n. d. petrogr. Zusammensetzung	Warenbezeichnung nach GOST
	V_t	S_v	F	übrige Mikrokomponenten		
Kuschmurunsker Lagerstätte	90	–	7	3		–
Tawritschansker ,,	90	7	–	3		B 3
Itatsker ,,	87	6	6	1		–
Jemanshelinsker ,,	77	12	9	2	1	B 3
Eginsajsker ,,	74	4	20	2		–
Korkinsker ,, (mächt. Flöze)	72	12	14	2		B 3
Bogoslowsker Lagerstätte	66	24	6	4		B 2
Korkinsker ,, (geringmächt. Flöze)	65	23	11	2		B 3
Stschekinsker Lagerstätte	58	14	18	10		B 3
Gussinoosersker ,, (obere Flöze)	56	25	18	1		B 3
Zentrales (Kopejsker) Kohlenrevier	56	38	4	2		B 3
Sartakowsker Lagerstätte	55	38	2	5		–
Nasarowsker ,,	54	35	10	1		B 2
Grankowsker ,,	54	23	18	5	2	B 3
Irscha-Borodinsker ,,	53	41	4	2		B 2
Lominzewsker ,,	52	21	16	11		B 3
Gussinoosersker ,, (untere Flöze)	50	31	18	1		B 3
Kamyschinsker Kohlenrevier	44	49	6	1		B 3
Bibikowsker Lagerstätte	47	20	23	10		B 3
Tschernowsker Lagerstätte	58	7	32	3		B 3
Schirino-Sokolnitschesker Lagerstätte	55	8	27	10		B 3
Rajtschichinsker Lagerstätte	52	15	32	1		B 2
Smorodinsker ,,	50	16	26	8		B 3
Lipkowsker ,,	47	15	28	10		B 3
Wygljadowsker ,,	47	14	27	12	3	B 3
Brusnjansker ,,	42	15	35	8		B 3
Begitschewsker ,,	40	11	39	10		B 3
Kisyl-Kijsker ,,	38	22	38	2		B 3
Bogorodizker ,,	34	7	44	15		B 3
Lengersker ,,	33	18	46	3		B 3
Charanorsker ,,	25	42	32	1		B 1
Suljuktinsker ,,	21	27	49	3		B 3
Angrensker Lagerstätte	7	4	89	–	4	B 2

[1)] Aus: Chimija i technologija topliw i masel, Nr. 7, 1959. Übers.: GEORG MAGALOWSKI, Berlin

Da die genauen Ortsnamen nicht bei allen Braunkohlenlagerstätten ermittelt werden konnten, wurden diese (wie im Original) in adjektivischer Form gebracht.

[2)] Mikrokomponenten: In der sowjetischen kohlenpetrographischen Literatur unterscheidet man organische Mikrokomponenten (Mazerale) und anorganische Mikrokomponenten (mineralische Beimengungen). D. Ü.

[3)] Resolution der Allunionskonferenz der Kohlenpetrographen. Verlag der Akademie der Wissenschaften der UdSSR und des Ministeriums der Kohlenindustrie der UdSSR, 1957.

[4)] Von den Autoren dieses Artikels wird für Semitelinit zum großen Teil Rindengewebe als Ausgangsmaterial angenommen. D. Ü.

Tab. 2. Klassifikation der Braunkohlen nach der petrographischen Zusammensetzung

Klassifikationsuntergruppe nach der petrographischen Zusammensetzung	Komponenten in %			
	V_t	S_v	F	übrige Mikrokomponenten
1	75	15	10	1
2	55	30	10	5
3	40	15	35	10
4	7	3	90	Spuren

Tab. 3. Klassifikation der Braunkohlen nach den Stadien der Diagenese und Epigenese

Klassifikationsuntergruppe nach den Stadien der Epigenese und Diagenese		Lagerstätten
5	Epigenese	Korkinsker Lagerstätte Kopejsker ,,
4		Jemanshelinsker Lagerstätte Gussinoosersker ,, (untere Flöze)
3		Gussinoosersker Lagerstätte (obere Flöze) Tschernowsker ,, Kangalassker ,, Begitschewsker ,, Bogorodizker ,, Brusnjansker ,, Wygljadowsker ,, Lipkowsker ,, Smorodinsker ,, Schirino-Sokolnitschesker Lagerstätte Bibikowsker Lagerstätte Lominzewsker ,, Grankowsker ,, Stschekinsker ,, Angrensker ,, Kisyl-Kijsker ,, Suljuktinsker ,, Lengersker ,,
		Charanorsker Lagerstätte Rajtschichinsker ,, Irscha-Borodinsker ,, Eginsajsker ,, Bogoslowsker ,, Woltschansker ,,
2		Itatsker Lagerstätte Kuschmurunsker ,,
1	Diagenese	Bajdakowsker Lagerstätte Aleksandrijsker ,, Jurkowsker ,, Jermolajewsker ,, Christoforowsker ,,

Der vierte Kohlentyp bildete sich unter Bedingungen, bei welchen noch häufiger aerobe Verhältnisse herrschten, wobei die Prozesse der Oxydation der weniger widerstandsfähigen Stoffe der kohlebildenden Pflanzen (Protoplasma und teilweise Zellulose) vor sich gingen.

Die petrographische Zusammensetzung ist das Resultat der Umwandlungsbedingungen des Ausgangsmaterials und drückt äußere genetische Besonderheiten der Kohlen aus; deshalb muß sie einer der wichtigsten Klassifikationsparameter der Braunkohle sein. Aber die natürlichen Eigenschaften der Braunkohlen werden nicht nur von der petrographischen Zusammensetzung bestimmt. Die Mehrzahl der Kohlenpetrographen verbindet die Bildung der Braunkohlen mit den Prozessen der Diagenese und Epigenese und ihren Übergang in Steinkohle mit den Prozessen der Metamorphose. Unter Diagenese versteht man den Prozeß der Umwandlung des Sediments in Gestein, im gegebenen Falle die Umwandlung des Torfs in erdige Braunkohle (STRACHOW 1957). Bei der Diagenese gehen eine Verdichtung des Sediments vor sich, seine Entwässerung, die Umwandlung der weniger widerstandsfähigen Komponenten und eine weitere Inkohlung des pflanzlichen Materials. Die Umwandlung der erdigen Braunkohlen in dichte geht im Prozeß der Epigenese vor sich. Dieser ist durch eine scharf ausgeprägte Verdichtung des Sedimentmaterials, seine Zementation, charakterisiert und läuft unter der Einwirkung der überlagernden Gesteine bei verhältnismäßig niedrigen Temperaturen ab (TEICHMÜLLER 1954, DUCHUNTY 1954). Die Stadien der Diagenese und Epigenese wurden nach dem Reflexionsvermögen des Collinits bestimmt (AMMOSSOW & MUSJAL 1952). Vergleichsmuster (Eichsubstanzen) für unsere Vergleiche

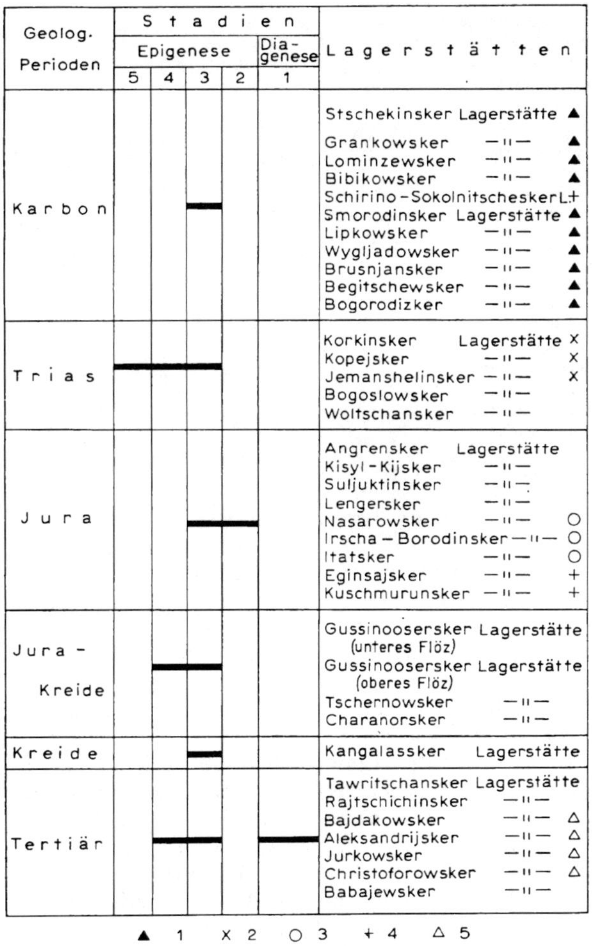

Verteilung der untersuchten Braunkohlen verschiedener Stadien der Diagenese und Epigenese auf die geologischen Perioden

1 — Moskauer Becken, 2 — Tscheljabinsker Becken, 3 — Konsko-Aginsker Becken, 4 — Ubagansker (Turgajsker) Becken, 5 — Dnjepropetrowsker Becken

Tab. 4. Klassifikation der Braunkohlen nach dem Aschengehalt

Lagerstätte bzw. Kohlenrevier	Aschengehalt wf %	Klassifikationsuntergruppe nach dem Aschengehalt
Borodinsker Lagerstätte Nasarowsker ,, Kuschmurunsker ,,	bis 10	1
Kangalassker Lagerstätte Eginsajsker ,, Itatsker ,, Gussinoosersker ,, (obere Flöze) Tschernowsker ,,	11–15	2
Kisyl-Kijsker Lagerstätte Suljuktinsker ,, Angrensker ,, Rajtschichinsker ,, Lengersker ,, Gussinoosersker ,, (untere Flöze)	16–20	3
Korkjansker Lagerstätte Kamyschinsker ,, Zentrales (Kopejsker) Kohlenrevier Jemanshelinsker Lagerstätte Bogoslowsker ,, Begitschewsker ,, Bogorodizker ,, Brusnjansker ,, Wygljadowsker ,, Lipkowsker ,, Smorodinsker ,, Schirino-Sokolnitschesker Lagerstätte Bibikowsker Lagerstätte Lominzewsker ,, Grankowsker ,, Stschekinsker ,, Charanorsker ,, Bajdakowsker ,, Aleksandrijsker ,, Jurkowsker ,, Christoforowsker ,, Jermolajewsker ,,	>20	4

waren ausgewählte Braunkohlen der Itatsker Lagerstätte und langflammige Kohle des Shurinsker Flözes des Schachtes Shurinka (Kusnezker Becken), welches zum ersten Stadium der Metamorphose von Steinkohlen gehört.

Die durchgeführten Vergleiche an 100 Proben von Braunkohlen aus 28 Lagerstätten der Sowjetunion erlaubten, die Epigenese in Stadien einzuteilen (gekennzeichnet durch die Ziffern 5, 4, 3 und 2), welche den verschieden dichten Braunkohlen entsprechen, und in das Stadium der Diagenese (gekennzeichnet durch die Ziffer 1), das die erdigen Braunkohlen umfaßt. Am stärksten epigenetisch beeinflußt sind die Kohlen der Lagerstätten von Korkino und Kopejsk bei Tscheljabinsk. Sie entsprechen dem 5. Stadium der Epigenese und nähern sich dem Reflexionsvermögen nach den langflammigen Steinkohlen. Am wenigsten von allen untersuchten sind die Braunkohlenlagerstätten von Itatsk und Kuschmurun epigenetisch beeinflußt (2. Stadium der Epigenese).

Von den erdigen Braunkohlen (1. Stadium) stehen der dichten Braunkohle die Kohlen der Bajdakowsker Lagerstätte am nächsten. Eine direkte Abhängigkeit der Diagenese und Epigenese der Kohlen von ihrem geologischen Alter ist nicht zu beobachten (Abb.)

In der vorgeschlagenen Klassifikation benutzen Verf. die Stadien der Diagenese und Epigenese als einen der Parameter, welche die Eigenschaften der Braunkohlen charakterisieren. Der Aschengehalt der untersuchten Kohlen schwankt stark (6,5—50%). Die Braunkohlen wurden nach dem Aschengehalt in vier Gruppen unterteilt: bis 10%, 11—15%, 16—20%, und >20% (Tab. 4). Kohlen der ersten Gruppe können zur Verkokung verwendet werden, wenn die anderen Kennziffern ebenfalls zufriedenstellend sind. Der heute gebräuchlichen Klassifikation der Braunkohlen liegt der Gesamtwassergehalt des Brennstoffes (W^r)[5]) und der Gehalt an flüchtigen Bestandteilen (V^g = flüchtige Bestandteile waf) zugrunde. Das sind Größen, welche von vielen Faktoren abhängig und für die Klassifikation der Kohlen unzureichend sind. Der Gehalt an flüchtigen Bestandteilen hängt vom Ausgangsmaterial, von der Fazies, der Diagenese und der Epigenese ab. Der Wassergehalt des Flözes steht mit den hydrogeologischen und meteorologischen Bedingungen, der petrographischen Zusammensetzung usw. in Verbindung. Unsere Untersuchungen zur Ausarbeitung neuer Klassifikationsparameter führten wir unter dem Gesichtspunkt der Verwertung von Braunkohlen als chemischem Rohstoff in der Volkswirtschaft durch. Das vorgeschlagene, in Tab. 6 dargestellte System der Klassifikation hat folgende Parameter zur Grundlage:

1. die Stadien der Diagenese und Epigenese,
2. die petrographische Zusammensetzung und
3. den Aschengehalt.

Jede der Kohlenklassen in diesem System kann man durch drei Ziffern kennzeichnen. Die Stadien der Epigenese (die durch 5, 4, 3, 2 gekennzeichnet wurden) und der Diagenese (gekennzeichnet durch die Ziffer 1) nehmen bei der Kennziffer der Kohlenklasse den ersten Platz ein, die petrographischen Kohlentypen entsprechen der zweiten laufenden Nummer, und die Kennziffer des Aschengehaltes wurde auf den dritten Platz gestellt.

Die unterschiedenen Gruppen der Kohle stellten wir einigen chemischen Kenngrößen gegenüber (Tab. 5).

Es zeigte sich, daß in den ersten drei Gruppen mit einem niedrigeren Stadium der Epigenese ein höherer

Tab. 5. Mittlere chemische Kennziffern der Klassifikationsgruppen für Braunkohlen

Gruppennummer	Bezeichnung der Klassen	H_2O % (W^r)	Flüchtige Bestandteile (waf) %	Kohlenstoff % (waf)
1	513–523	16	43	73
2	414–422	29	42,5	72
3	312–313	33	45,5	70
4	321–324	26	45,5	71
5	332–334	26	43	74
6	342	31	33,5	76,5
7	211–212	36	48	71
8	122–123	56	60	68,5

[5]) Der Gesamtwassergehalt der Kohle, welcher sich aus innerer oder Bergfeuchtigkeit und äußerer oder hygroskopischer Feuchtigkeit zusammensetzt, wird in der UdSSR gekennzeichnet durch den Index W^r. D. Ü.

Tab. 6. Klassifikationsschema der Humusbraunkohlen

Gruppe	Gruppen nach der petrographischen Zusammensetzung Gehalt %		Ziffer 1 charakterisiert die Braunkohlenklasse, die nach dem Reflexionsvermögen des Vitrinits bestimmt wurde. Ziffer 2 kennzeichnet die Gruppe der Kohle, die nach dem Gehalt an Vitrinit und Fusinit bestimmt wurde. Ziffer 3 kennzeichnet die Untergruppe, die nach dem Aschengehalt bestimmt wurde.					Untergruppe	Untergruppe nach dem Aschengehalt
	V_t	F							%
1	65–90	0–20		211				1	bis 10
				212	312			2	11–15
								3	16–20
					314		514	4	>20
2	40–64	2–24			321			1	bis 10
					322			2	11–15
						423		3	16–20
			124		324		524	4	>20
3	20–60	25–59						1	bis 10
					332			2	11–15
					333			3	16–20
					334			4	>20
4	0–30	60–90						1	bis 10
								2	11–15
					343			3	16–20
								4	>20
Klassen			1	2	3	4	5		
Mittelwert des Reflexionsvermögens			5	5,5	6	6,5	7		

(Die Berechnung der petrographischen Komponenten erfolgte ohne Berücksichtigung des mineralischen Anteils nach dem Schema: $100\% - V_t + F + S_v + Z$[6]).
In diesem Schema ist nur der Anteil der zwei Gruppen der Mikrokomponenten V_t und F dargetellt).

[6]) Z = Summe der übrigen Mikrokomponenten

Gesamtwassergehalt W^r einhergeht. Die Verringerung der Feuchtigkeit in den folgenden Gruppen 4 und 5 erklärt sich durch die Veränderung der petrographischen Zusammensetzung dieser Kohlen, wobei eine Verringerung des Vitrinitanteils bei Zunahme der Komponenten des Semivitrinits und des Fusinits erfolgt. Der sechsten Gruppe gehören Kohlen an, welche fast völlig aus der Gruppe des Fusinits zusammengesetzt sind. Durch sehr einfache Komponenten, welche große Mengen Feuchtigkeit festhalten, erklärt sich die Erhöhung von W^r. In den Gruppen 7 und 8 vergrößert sich W^r ebenfalls gesetzmäßig, da niedrigere Stadien der Diagenese und Epigenese auftreten.

Der Gehalt an flüchtigen Bestandteilen erhöht sich mit den niedrigeren Stadien der Diagenese und Epigenese, aber in den Gruppen 5 und 6 erfolgt eine Verringerung dieser Kennziffern. Das ist vielleicht durch die petrographische Zusammensetzung der Kohlen dieser Gruppen bedingt, welche große Mengen an Fusinit enthalten. Charakteristisch für alle klassifizierten Gruppen ist auch der Gehalt an Kohlenstoff (C^g = Cwaf). Es erfolgt eine allmähliche Verringerung des Kohlenstoffes in Richtung der am wenigsten epigenisierten Kohlen. In den Gruppen 5 und 6 vergrößert sich der Kohlenstoffgehalt infolge Vergrößerung des Fusinitanteils (TEICHMÜLLER 1954). Man kann also sagen, daß die chemischen Eigenschaften der Braunkohlen eine Folge ihrer petrographischen Besonderheiten sind.

Zusammenfassung

An Flözdurchschnittsproben wird die praktische Möglichkeit der quantitativen petrographischen Charakteristik von Braunkohlen gezeigt. Es erfolgte eine Einteilung in vier Braunkohlentypen, die sich nach der petrographischen Zusammensetzung stark unterscheiden. Die Braunkohlen wurden nach dem Reflexionsvermögen in vier Stadien der Epigenese und ein Stadium der Diagenese unterteilt, die aber keine direkte Beziehung zu ihrem geologischen Alter haben. Bei der komplizierten und uneinheitlichen petrographischen Zusammensetzung sind die Stadien der Diagenese oder Epigenese nicht nach den chemischen Kennziffern zu bestimmen. Die Grundlage des vorgeschlagenen Systems der Klassifizierung sind die Parameter der genetischen Besonderheiten der Braunkohlen: die Stadien der Diagenese und Epigenese, die petrographische Zusammensetzung und der Aschengehalt.

Резюме

На основе средних образцов из плсата показывается практическая возможность количественной петрографической характеристики бурых углей. Производилось выделение четырех типов бурого угля, резко отличающихся по петрографическому составу. На основе отражательной способности бурые угли были разделены на четыре стадии эпигенеза и одну стадию диагенеза, но эти стадии не имеют прямой связи с геологическим возрастом углей. В условиях сложного и неоднородного петрографического состава, стадии диагенеза или эпигенеза нельзя определять по химическим показателям. Основу предложенной системы классификации составляют параметры генетических особенностей бурых углей: стадии диагенеза и эпигенеза, петрографический состав и зольность.

Summary

Seam section samples are described to show that a quantitative petrographical characteristic of browncoals is practically possible. The brown-coals are divided into four types which considerably differ in their petrographical composition. They are subdivided into four stages of epigenesis and one stage of diagenesis which, however, are not directly related to their geological age. Owing to their complicated and inhomogeneous petrographical composition the stages of diagenesis or epigenesis cannot be determined in conformity with their chemical characteristics. The system of classification proposed is based on the parameters of genetic peculiarities of the brown-coals: stages of diagenesis and epigenesis, petrographical composition and percentage of ashes.

Literatur

AMMOSSOW, I. I. & S. A. MUSJAL: Das Reflexionsvermögen als eines der Hauptmerkmale von Kohlen. – DAN UdSSR, Nr. 6, 84, 1952.

DUCHUNTY, L. A.: Geological factors in the metamorphic development of coal. – Fuel, 33, 135, London 1954.

STRACHOW, N. M. u. a.: Methoden der Untersuchung von Sedimentgesteinen. – Band 1, Gosgeolisdat, 1957.

TEICHMÜLLER, M. & R. TEICHMÜLLER: Die stoffliche und strukturelle Metamorphose der Kohlen. – Geol. Rdsch., 42, 2, 265–296 (1954).

Zeitschrift für angewandte Geologie (1963) Heft 6

Zur Berechnung prognostischer Vorräte an Erdöl und Erdgas und Planung geologischer Erkundungsarbeiten[1]

FRIEDRICH STAMMBERGER, Berlin

(Mitteilung der ZVK — Nr. 8)

1. Einleitung

Die ZVK hat Ende 1962 / Anfang 1963 die ersten Berechnungen prognostischer Vorräte an Erdöl und Erdgas in der DDR überprüft und begutachtet. Neben Fortschritten in der geologischen Bearbeitung der vorhandenen Unterlagen hinsichtlich der Verbreitung und Ausbildung jener Schichten, die für eine Akkumulation dieser Rohstoffe in Frage kommen, waren gewisse Unklarheiten über die Berechnungsmethoden und ihre Durchführung zu verzeichnen.

Die Berechnung prognostischer Vorräte ist für die Geologen der DDR eine neuartige Aufgabe. Nachdem international im Rahmen des RgW die Grundsätze für solche Berechnungen vereinbart wurden (STAMMBERGER 1963), müssen diese Grundsätze von uns bei der Ausarbeitung der für jeden Rohstoff spezifischen Berechnungsmethoden angewandt und die berechneten Vorräte unseren Erkundungsplänen zugrunde gelegt werden.

Daß die Berechnung prognostischer Vorräte eine notwendige und unerläßliche Aufgabe ist, dürfte gegenwärtig keine Diskussion mehr hervorrufen. Sie werden benötigt, um eine begründete Auswahl der Erkundungsgebiete vornehmen zu können, und dienen unmittelbar der Erhöhung des Nutzeffektes geologischer Erkundungsarbeiten, der bekanntlich nur an der Zuwachsrate neuerkundeter und in höhere Klassen überführter Vorräte gemessen werden kann.

Wie aktuell die Berechnung prognostischer Vorräte an Erdöl und Erdgas gegenwärtig ist, geht aus dem „Beschluß des VI. Parteitags der SED über die Aufgaben in der Industrie, im Bauwesen sowie im Transport- und Nachrichtenwesen" (1963) hervor:

> „Die Hauptaufgabe der Geologie besteht darin, die geologischen und geophysikalischen Erkundungsarbeiten auf die Untersuchung der tieferen geologischen Formationen zu richten.
> Dabei kommt es im Zusammenhang mit der Entwicklung der Petrolchemie darauf an, die Erkundungsarbeiten auf Erdöl und Erdgas zu intensivieren und auf die höffigsten Gebiete zu konzentrieren. Auf der Grundlage der prognostischen Vorräte sind maximale Mengen industriell gewinnbarer Vorräte an Erdöl und Erdgas nachzuweisen und die Voraussetzungen für die schnelle Aufnahme der Förderung zu schaffen." (Hervorh. F. ST.)

Das vom VI. Parteitag der SED angenommene Parteiprogramm formuliert die vor den Erdölgeologen stehende Aufgabe nicht minder eindeutig.

> „In Anbetracht der wachsenden Bedeutung der petrolchemischen Industrie wird die geologische Erkundung der Deutschen Demokratischen Republik nach Erdöl und Erdgas (besonders der tieferen geologischen Formationen) und deren Förderung zu einer erstrangigen Aufgabe, damit die petrolchemische Industrie teilweise mit eigenen Rohstoffen versorgt werden kann" (1963).

Dazu ist — nach in der UdSSR üblichem Modus — erforderlich, eine Vorratsbasis an Erdöl und Erdgas zu schaffen, die um das 25fache (bezogen auf die Vorräte der Klassen A und B) oder das 40fache (bezogen auf $A + B + C_1$) die vorgesehene Förderung übertrifft. Bei einer jährlichen Förderung von 1 Million Tonnen müssen somit im gleichen Zeitraum 40 Millionen Tonnen Vorräte neu erkundet werden.

Die Erdölgeologen müssen folglich — unabhängig von den in der Perspektive vorgesehenen Fördermengen — in kürzester Frist ihre Erfolgsquote bedeutend erhöhen, wenn sie das in sie gesetzte Vertrauen rechtfertigen wollen.

Das ist eine verantwortungsvolle und schwierige Aufgabe. Sie ist nur zu erfüllen, wenn die aussichtsreichsten Gebiete erkannt und von den weniger höffigen exakt abgegrenzt werden.

Die Erdölgeologen müssen ferner in kürzester Frist ein objektives Bild der Gesamtaussichten einer intensiv durchgeführten Suche und Erkundung auf Erdöl–Erdgas liefern, weil nur dann die Perspektiven der Versorgung unserer Petrolchemie mit heimischen Rohstoffen richtig eingeschätzt und der Nutzeffekt der Erdölerkundung objektiv beurteilt werden kann. Dazu gehört obligatorisch die Berechnung der prognostischen Vorräte. Halten wir fest: Die Berechnung prognostischer Vorräte für Erdöl und Erdgas ist zwingend und objektiv zur wichtigsten Tagesaufgabe der Geologen geworden. Im Hinblick auf die Entscheidungen, die geologisch und volkswirtschaftlich auf ihrer Grundlage gefällt werden müssen, muß diese Berechnung wissenschaftlich streng begründet sein und ein objektives Bild — nach allen vorliegenden Kenntnissen — vermitteln.

2. Die Einschätzung der Höffigkeit einer Fläche

Die Einschätzung eines Gebietes hinsichtlich seiner Höffigkeit für eine industrielle Erdöl-Erdgas-Führung noch vor der Durchführung von Such- und Erkundungsarbeiten ist grundsätzlich nichts Neues. Methodisch wurde sie seit mindestens 30 Jahren wiederholt von bekannten Geologen in verschiedenen Ländern erörtert und auch praktisch durchgeführt. Es lassen sich drei Wege unterscheiden, die bei der Lösung dieser Aufgabe beschritten werden:

a) Ein bestimmtes Gebiet (oder eine Fläche) wird mit einem ähnlichen, bereits erkundeten Gebiet verglichen (sog. vergleichende geologische Einschätzung);

b) ein bestimmtes Gebiet wird hinsichtlich des Auftretens und Wirkens jener Faktoren analysiert, die — nach unseren gegenwärtigen Kenntnissen — für die Entstehung und Erhaltung von Erdöl- und Erdgaslagerstätten maßgebend sind (geologisch-lagerstättenkundliche Analyse);

c) die möglichen Erdöl- und Erdgasinhalte eines Gebiets werden nach dem Inhalt seiner sedimentären Ablagerungen eingeschätzt, wobei gewöhnlich entweder von ermittelten Durchschnittswerten eines Kubikkilometers Sedimente oder vom Gehalt an organischer Substanz in Erdölmuttergesteinen ausgegangen wird (sog. statistische Methode).

[1]) Eingang des Manuskripts in der Redaktion: 21. 3. 1963

Jedes dieser Verfahren hat gewisse Mängel, die sich aus dem spezifischen Lösungsweg ergeben:

a) Vergleichende geologische Einschätzung

Das einzuschätzende Gebiet muß in diesem Fall so weit geologisch bekannt sein, daß beurteilt werden kann, wie die in einer ähnlichen (möglichst analogen) Lagerstätte ermittelten Lagerstättenverhältnisse auf der prognostischen Fläche ausgebildet sind. Die Vorschläge verschiedener Autoren unterscheiden sich hierbei grundsätzlich nur im Gewicht, das einzelnen Kriterien zugesprochen wird, bzw. im Umfang (Anzahl) der berücksichtigten Kriterien (geologische, ökonomische, technisch-ökonomische und geographische).

Der Vorzug dieses Verfahrens besteht darin, daß sich die Beurteilung auf die Geologie der eingeschätzten Fläche stützt und mit bekannten, gut untersuchten vergleicht; sein Mangel ist, daß die Höffigkeit in Adjektiven ausgedrückt wird, die Beurteilung der einzelnen Kriterien subjektiv ist und vor allem keine quantitative Aussage — in Tonnen — gemacht werden kann.

Die erhaltenen Ergebnisse können infolge ihrer quantitativen Unbestimmtheit auch für die Perspektivplanung keine Grundlage sein.

b) Geologisch-lagerstättenkundliche Analyse

Über das einzuschätzende Gebiet müssen ausreichende Daten zum Wirken der lagerstättenbildenden und -erhaltenden Faktoren vorliegen. (Diese Faktoren müssen außerdem selbstverständlich als solche wissenschaftlich erkannt sein.) Dazu sind ebenfalls Vergleiche mit untersuchten Lagerstätten des gleichen Typs erforderlich, weil sonst der Gesamteinfluß aller insgesamt zu beachtenden Faktoren, ihre gegenseitige Beeinflussung usw. nicht beurteilt werden können.

Der Vorzug dieses Weges besteht in der erforderlichen gründlichen Analyse des geologischen Baues und der Entwicklung der konkreten, einzuschätzenden Fläche; der Möglichkeit, ein größeres Gebiet nach Höffigkeitsgraden zu gliedern und der Erkundung die Richtung vorzugeben. Sein Mangel ist wiederum die Unmöglichkeit quantitativer Schlußfolgerungen, d. h., nur Ergebnisse zu liefern, die der volkswirtschaftlichen Perspektivplanung nicht zugrunde gelegt werden können.

c) Statistische Verfahren

Dieser Weg wird von zahlreichen Autoren vorgeschlagen, wobei zum Teil recht verschiedene Rechenmethoden angewandt werden, der Ölinhalt 1 km³ jedoch ebenfalls für entsprechende Verhältnisse ermittelt worden sein muß. Der Vorzug dieser Methode — quantitative Angaben über die prognostischen Vorräte — wird durch ihre Mängel überwogen; ohne gründliche Berücksichtigung der Geologie werden die Vorratsangaben sehr grob und unzuverlässig, die Perspektivplanung kann sich bei ihren Entscheidungen daher nicht auf sie stützen. Die Erkundung erhält überhaupt keine Orientierung, d. h., ihre Effektivität wird nicht erhöht.

Es liegt nahe, nach einem Verfahren zu suchen, das die Vorteile der genannten Methoden besitzt und ihre Mängel vermeidet oder beseitigt. Ein solches Verfahren müßte das gründliche Studium aller über das einzuschätzende Gebiet vorliegenden Unterlagen ebenso als Ausgangspunkt nehmen wie die Analyse der Wirksamkeit aller als lagerstättenbildend und -erhaltend erkannten Faktoren in diesem Gebiet. Anschließend müßte ein Weg gefunden werden, die aus der Analyse erhaltene qualitative Einschätzung objektiv in Mengen (Tonnen) anzugeben.

Dieser Weg wird auch durch die im Rahmen des RgW abgestimmten Grundsätze (STAMMBERGER 1963) vorgezeichnet, nach denen für die Einschätzung der Höffigkeit eines Feldes Unterlagen zu zwei Komplexen erforderlich sind:

a) zum geologischen Bau und der geologischen Entwicklungsgeschichte des betreffenden Gebietes;

b) über die Faktoren, die zur Bildung und Erhaltung einer Rohstoffkonzentration führen.

Nur auf dieser Grundlage ist die Höffigkeit eines Gebietes überhaupt zu beurteilen. Bei einer solchen Einschätzung und — allgemeiner — bei der Berechnung prognostischer Vorräte muß somit am Anfang und im Vordergrund die eingehende geologische Analyse stehen. Es muß festgestellt werden, ob und wie die für eine Lagerstättenbildung maßgebenden Faktoren zur Wirkung kamen, wo und wie unterschiedlich das erfolgte. Kurz, es muß letztlich eine prognostische Karte als Ergebnis der Beurteilung der Höffigkeit und als Grundlage zur Berechnung der Vorräte erarbeitet werden.

Halten wir fest: Wenn der Berechnung keine echte Prognosekarte (als Synthese vieler Spezialkarten und -analysen) zugrunde liegt, offenbart sich, daß die vorliegenden bekannten Tatsachen — geologische, geophysikalische, geochemische, betriebstechnische, ökonomische — nicht in dem erforderlichen Umfang, der nötigen Gründlichkeit und wissenschaftlichen Tiefe ausgewertet wurden.

3. Zu den statistischen Verfahren

Als „statistisch" dürfen nicht nur die bekannten Vorschläge der Amerikaner W. L. RUSSEL, A. I. LEVORSEN u. a. betrachtet werden. Es gehören auch solche Verfahren dazu, in die zwar die Volumenformel eingeht, die entscheidenden Parameter dieser Formel jedoch ebenfalls statistisch bestimmt werden. Außerdem geht in diese Formel bei ihrer Anwendung auf prognostische Vorräte noch ein zusätzlicher Koeffizient ein — der Fündigkeitskoeffizient —, der (wenn überhaupt) nur statistisch begründet wird und begründet werden kann.

Die Rolle dieses Koeffizienten ist beachtlich, zumal er nicht nur in Berechnungsvarianten eingeht, die sich auf die Volumenformel stützen:

a) Liegen im prognostischen Gebiet geologisch-physikalisch ermittelte Strukturen vor, d. h., ist ihre Gesamtzahl bekannt, wird mit Hilfe dieses Koeffizienten berechnet, wieviel von diesen Strukturen als „fündig" und wieviel als trocken oder verwässert erwartet werden.

b) Ist die Anzahl der Strukturen nur aus einem Teilgebiet bekannt, wird angenommen, daß sich das Verhältnis Flächengröße zu Strukturanzahl (auch ein statistisch ermittelter Faktor) im unbekannten Feld erhält, und aus der so ermittelten Gesamtanzahl wiederum — wie bei a) — die Zahl der fündigen Strukturen ermittelt.

Wenn in beiden Fällen extrem statistisch gearbeitet wird, d. h., nach der Ermittlung der als fündig erwarteten Strukturen z. B.

1. für jede Struktur eine durchschnittliche produktive Fläche ermittelt und in die Rechnung eingesetzt wird, oder
2. für jede Struktur ein durchschnittlicher Vorrat ermittelt und durch Multiplikation mit der Anzahl der Strukturen der Gesamtvorrat erhalten wird,

dann kann z. T. zwar auf die Volumenformel verzichtet werden, das Ergebnis wird dadurch jedoch bedeutend gröber und unzuverlässiger.

Wenn keine Unterlagen über Strukturen vorliegen, d. h., von ihrer Anzahl und ihren produktiven Flächen nicht ausgegangen werden kann, wird die Fläche (F) der Volumenformel oft als Summe aller unbekannten erdölführenden Strukturflächen geschätzt (als prozentualer Anteil der vorliegenden Gesamtfläche z. B. des Karbons). Da Erdöl-Erdgas jedoch nur in Strukturen auftritt, muß bei Anwendung der Volumenformel auch in diesem Falle der Fündigkeitskoeffizient eingeführt werden, weil aus der unbekannten Gesamtzahl der Strukturen wiederum einige trocken oder verwässert sind und nur ein Teil Erdöl liefern wird.

Wenn von als „fündig" berechneten Strukturen ausgegangen wird [s. oben a) und b)], wenn außerdem mehrere bereits erkundete Strukturen vorhanden sind, kann, wie gesagt, die Volumenformel umgangen werden, indem mit durchschnittlichem Vorratsinhalt gerechnet wird. Liegen keine Unterlagen über erkundete Strukturen vor, müssen bei Anwendung der Volumenformel alle in sie eingehenden Parameter bestimmt und begründet werden. Das ist erfahrungsgemäß für die zu prognostizierenden Gebiete sehr schwierig, häufig unmöglich und führt zu subjektiven Entscheidungen, zu unbegründeten Annahmen, nichtstichhaltigen Voraussetzungen, kurz zu „gegriffenen" Werten. Dadurch wird der Berechnung prognostischer Vorräte ihre wissenschaftliche Grundlage entzogen, werden die Berechnungsergebnisse unbrauchbar für unsere Praxis und Perspektivplanung.

Derzeit ist bei der Berechnung erkundeter Vorräte die Volumenmethode am verbreitetsten. Zu ihrer Anwendung müssen ausreichend Daten vorliegen, um die zahlreichen, in die Volumenformel eingehenden Parameter bestimmen zu können. Fehlen diese Daten oder sind sie unvollständig, werden auch bei der Berechnung erkundeter Vorräte andere Vorratsberechnungsmethoden vorgezogen (Materialbilanz, Druckabfall, die sogenannte statistische Methode, d. h. nach Kurven der Veränderung von Förderrate – Zeit u. a.).

Trotz der Unmöglichkeit, die Parameter für die Volumenformel exakt abzuleiten (zu bestimmen), vertreten einige Geologen die Meinung, daß geschätzte, d. h. in Analogie übertragene, Parametergrößen für die Berechnung prognostischer Vorräte ausreichen, die Volumenformel daher anwendbar ist.

Andere Geologen, deren markantester Vertreter M. A. SHDANOW ist, bestreiten diese Möglichkeit und sind der Meinung, daß prognostische Vorräte nach einer grundsätzlich anderen Methode berechnet werden müssen (bei der die einzelnen Parameter im einzelnen nicht bestimmt zu werden brauchen).

Beiden Gruppen gemeinsam ist der Standpunkt, daß in jedem Falle analoge erkundete Flächen vorliegen müssen, die als Maßstab für die mengenmäßige Bestimmung der Vorräte benutzt werden können. Wenn derartige Maßstäbe nicht vorhanden sind, kann keine wissenschaftliche Berechnung der Vorräte vorgenommen werden, kann es sich nur um grobe Schätzungen, subjektive Meinungen handeln, die in keiner Weise die Berechnung prognostischer Vorräte für die Erkundung und die Orientierung der Entwicklung einer Erdöl-Erdgas-Industrie ersetzen können.

Halten wir wiederum fest: Statistische Verfahren — grobe und auch versteckte — können für die Bedürfnisse unserer sozialistischen Planwirtschaft keine brauchbaren Ergebnisse liefern.

4. Der Fündigkeitskoeffizient

Die erwähnte große Bedeutung des Fündigkeitskoeffizienten für die derzeit bei uns verbreiteten Berechnungsverfahren macht es notwendig, ihn etwas gründlicher zu untersuchen.

Die Praxis zeigt, daß Erdöl und Erdgas in industriellen Mengen nur in Strukturen auftreten, d. h., daß ein nachgewiesener erdölführender Horizont nicht über seine ganze Verbreitung Erdöl und Erdgas akkumuliert hat. Die Praxis hat ferner gezeigt, daß nicht alle in diesem Horizont vorhandenen, z. B. durch die Seismik ermittelten, Strukturen Erdöl und Erdgas enthalten. Deshalb wird in die Berechnung ein Faktor eingeführt, der diesen Umstand berücksichtigen soll (Koeffizient udatschi, Glückstreffer-, Fündigkeitskoeffizient usw.). Die Berechnung des Fündigkeitskoeffizienten erfolgt meist auf folgende Weise: Angenommen, in einem bestimmten Gebiet wurden bisher sechs Strukturen durch Bohrungen erkundet. Drei waren ergebnislos, drei lieferten Erdöl. In diesem Falle ist der Fündigkeitskoeffizient gleich $3 : 6 = 0{,}5$. Er wird auf die übrigen noch nicht erkundeten Strukturen übertragen und unterstellt, daß von ihrer Gesamtzahl ebenfalls die Hälfte „fündig" ist.

Es leuchtet ein, daß das Verhältnis 3 : 6 ausgesprochen zufälligen Charakter hat, weil unbekannt ist, ob es nicht nur für das untersuchte Teilgebiet, sondern für das gesamte zutrifft, ob die Strukturen geologisch (lithologisch, Speichereigenschaften, Entstehungszeit usw.) gleichwertig sind usw.

Viel zu häufig wird bei der Diskussion dieses Koeffizienten außerdem übersehen, daß er — einmal für die Berechnung der prognostischen Vorräte anerkannt — auch bei der Planung geologischer Erkundungsarbeiten berücksichtigt werden muß; denn Ausgangspunkt jeder geologischen Planung muß das angestrebte Ziel, das Arbeitsprodukt sein. Und das ist und kann nur sein — der geplante Vorratszuwachs.

Angenommen, es seien jährlich 10 Mill. t zu erkunden und jede fündige Struktur enthalte durchschnittlich 5 Mill. t Vorräte. Bei einem Fündigkeitskoeffizienten von 0,2 müssen dann nicht zwei, sondern zehn Strukturen erkundet werden. Und wenn für jede Struktur 10000 Bohrmeter benötigt werden, müssen nicht 20000 Bohrmeter, sondern mindestens 100000 eingeplant werden.

Ein von der ZVK in einer prognostischen Vorratsberechnung ohne Widerspruch hingenommener Fündigkeitskoeffizient ist folglich eine Größe, die in der Planung und Projektierung geologischer Erkundungsarbeiten immer wiederkehrt und größten Einfluß auf die Planung der Kosten, der Effektivität, des Vorratszuwachses und die Beurteilung der geleisteten geologischen Arbeit hat.

Seine sorgfältige Begründung wird deshalb von der ZVK gefordert. Kann eine stichhaltige Begründung nicht gegeben werden, sind solche Berechnungsverfahren anzuwenden, bei denen dieser Koeffizient nicht benötigt wird.

In dieser Richtung wurden bisher nur zwei Vorschläge bekannt. Einer wurde 1957 von ALLAN D. MABRA veröffentlicht, der zweite 1959 von M. A. SHDANOW, wobei beide Vorschläge die Einführung einer Punkteskala für die Höffigkeit gemein haben, der Vorschlag SHDANOWs jedoch wissenschaftlich durchgearbeiteter und exakter ist. In beiden Vorschlägen wird die Einführung des Fündigkeitskoeffizienten umgangen, weil die Gesamtflächen und keine einzelnen Strukturen (auch nicht in ihrer maskierten Form der Summe aus allen Strukturen) Grundlage der Berechnung sind.

Wenn bei der Volumenmethode die produktive Fläche (von der erdölführenden) entweder durch Addition der Werte aus jeder Struktur oder als Prozent der gesamten Fläche (wenn Strukturflächen nicht bestimmbar sind) ermittelt wird, muß zur Berücksichtigung der Ungleichmäßigkeit der Verteilung und Erhaltung der Lager unbedingt ein Fündigkeitskoeffizient in die Formel eingebaut werden; denn selbst, wenn — ohne einzelne Strukturen, mit Hilfe eines summarischen prozentualen Anteils — eine produktive Fläche für alle (noch unbekannten) erwarteten Strukturen erhalten wird, ist davon ein Teil fündig und ein anderer nicht.

Wenn mit SHDANOW dagegen von der Prognosekarte ausgegangen wird und ein ganzes Becken (oder seine in Klassen eingeteilten Abschnitte) mit bestimmten Punkten bewertet wird, wird der Fündigkeitskoeffizient nicht benötigt, weil bereits in der Punktebewertung die Ungleichmäßigkeit der Erdölkonzentration enthalten ist.

Völlig falsch ist daher,

a) nach der Volumenformel zu rechnen und
b) den Fündigkeitskoeffizienten mit der Begründung fortzulassen, daß ihn SHDANOW auch nicht verwendet.

Denn dabei wird völlig übersehen, daß zwei grundsätzlich verschiedene Methoden (Volumenmethode und die sogenannte Analogiemethode) miteinander vermengt werden. Es wird dabei nicht beachtet, daß zur Vermeidung des Fündigkeitskoeffizienten und der willkürlichen Festlegung anderer Parameter der Volumenformel an die Berechnung gänzlich anders herangegangen wird. Diese Koeffizienten und Faktoren können nicht vermieden werden, indem man sie einfach wegläßt, sondern indem ein völlig anderer Berechnungsgang eingeschlagen wird. Wird zur Berechnung prognostischer Vorräte die Volumenformel herangezogen, ist die Einführung eines Fündigkeitskoeffizienten jedoch unvermeidlich. Daß es sich unsererseits nicht um eine subjektive Interpretation der SHDANOWschen Anschauungen handelt, ist eindeutig aus seinem polemischen Aufsatz „Prognostische Erdöl- und Erdgasvorräte und Fragen der Methodik ihrer Einschätzung" (1962) zu entnehmen. In diesem Aufsatz besteht SHDANOW mit Nachdruck darauf, daß für Vorräte in C_2, D_1 und D_2 verschiedene Berechnungsmethoden verwendet werden, weil jeweils unterschiedliche Kenntnisse vorliegen. Er wendet sich entschieden gegen formale mittlere Parameterwerte ohne geologische Begründung und schlägt seine Methode vor: Prognosekarten und Klassifizierung einzelner Abschnitte der Gesamtfläche. Erst dann sind diese Abschnitte differenziert zu berechnen.

> „In diesem Falle wird die Ungleichmäßigkeit der Konzentration der Vorräte in der Tiefe berücksichtigt und kann der Fündigkeitskoeffizient (russ. Koeff. udatschi) vermieden werden" (S. 59).

Das SHDANOWsche Berechnungsverfahren braucht hier nicht eingehend dargelegt zu werden. Das Grundschema wurde bereits früher beschrieben (STAMMBERGER 1962), eine sehr ausführliche Beschreibung findet sich im soeben erschienenen 5. Band der „Schriftenreihe des praktischen Geologen" (1963).

SHDANOW nimmt in dieser Arbeit auch zu einer solchen Situation Stellung, wenn für eine einzuschätzende Fläche keinerlei Daten zu den Kriterien einer Gas-Öl-Führung vorliegen und keine Analogien zu abgebohrten Flächen möglich sind. Er unterscheidet solche Vorräte von den prognostischen, nennt sie potentielle Vorräte. Sie können nach seiner Meinung nur für große Komplexe statistisch (für 1 km^3 sedimentärer Ablagerungen) ermittelt werden. Das sind lediglich grobe Orientierungsziffern, die nach SHDANOW den prognostischen nicht gleichwertig sind. Für ihre Ermittlung sind daher auch abgerundete Werte durchaus ausreichend.

Diese Vorräte gehören nach der DDR-Klassifikation zu den Vorräten der Untergruppe δ_2. Es ist für SHDANOW außerordentlich charakteristisch, daß er — im Unterschied zu manchen unserer Geologen — überhaupt nicht die Möglichkeit erwägt, seinen Vorschlag auch auf diese Verhältnisse anzuwenden. (Einzelne unserer Geologen verwenden dazu sogar die Volumenformel!)

So berechnete Vorräte haben kaum praktische Bedeutung, weil sie weder die Erkundung orientieren noch für die Perspektivplanung berücksichtigt werden können. Solange nicht mindestens allgemeine geologisch-geophysikalische Kenntnisse zur Beurteilung solcher Gebiete vorliegen, sollte von einer Berechnung Abstand genommen werden.

Völlig richtig orientiert das Programm der SED die DDR-Geologen darauf, solche Schichten und Gebiete vordringlich zu überprüfen, um eine verläßliche, wissenschaftliche Prognose geben zu können.

Zusammenfassung

Die Berechnung prognostischer Vorräte an Erdöl und Erdgas ist eine aktuelle Aufgabe, sie dient u. a. zur Erhöhung der Effektivität der geologischen Erkundungsarbeiten. Diese Berechnung muß im volkswirtschaftlichen Interesse ein objektives Bild vermitteln, d. h. wissenschaftlich begründet sein. Die derzeit üblichen Methoden werden kurz analysiert, ihre Vor- und Nachteile vor allem für die Planung festgestellt. Eingehender werden die statistischen Verfahren und der dabei zu verwendende Fündigkeitskoeffizient untersucht. Es wird hervorgehoben, daß dieser Koeffizient bei der Planung der Erkundungsarbeiten wiederum in gleicher Größe als Koeffizient der Effektivität berücksichtigt werden müßte. Verfasser setzt sich für Berechnungsmethoden ein, bei denen der Fündigkeitskoeffizient u. a. vermieden werden kann.

Резюме

Подсчет прогнозных запасов нефти и газа является насущей задачей, служащий, между прочим, для повышения эффективности геолого-разведочных работ. В интересах народного хозяйства этот подсчет должен дать объективную картину, т. е. он должен быть научно обоснован. Принятые в настоящее время методы подвергаются краткому анализу, устанавливаются их преимущества и недостатки, прежде всего, с точки зрения планирования. Более подробно освещаются статистические способы и применяемый при этом коэффициент удачи. Подчеркивается, что при планировании разведочных работ этот коэффициент с той же величиной должен был бы учитываться в качестве коэффициента эффективности. Автор поддерживает методы подсчета, при использовании которых можно м. пр. избегать коэффициента удачи.

Summary

The calculation of prognostic petroleum and natural gas reserves is an actual problem and, inter alia, serves to increase the effectivity of geological reconnaissance works. In the interest of national economy this calculation must give an objective representation, which means that it must be based on scientific principles. Methods used for the time being are briefly reviewed, their advantages and disadvantages above all in planning activities are ascertained. A more detailed inquiry is made into statistical methods and the petroleum and natural gas bearing coefficient to be used in them. It is emphasized that this coefficient should again be considered in an equal quantity as effectivity coefficient when planning reconnaissance works. The author identifies himself with methods of calculation avoiding, inter alia, the petroleum and natural gas bearing coefficient.

Literatur

Beschluß des VI. Parteitages der SED über die Aufgaben in der Industrie, im Bauwesen sowie im Transport- und Nachrichtenwesen. — Dietz Verlag, Berlin 1963.
Parteiprogramm der SED. — Dietz Verlag, Berlin 1963.
SHDANOW, M. A.: Einschätzungsmethoden für perspektivische Vorräte an Erdöl und Erdgas. — Gosinti, Moskau 1959 (russ.).
— Prognostische Erdöl- und Erdgasvorräte und Fragen der Methodik ihrer Einschätzung. — Geologija nefti i gasa, Heft 3, 1962.
— Methoden der Berechnung von Lagerstättenvorräten an Erdöl und Erdgas. — Akademie-Verlag, Berlin 1963.
STAMMBERGER, F.: Zur Berechnung prognostischer Erdöl- und Erdgasvorräte. — Z. angew. Geol., 8, H. 6, Berlin 1962.
— Internationale Abstimmung über die prognostischen Vorräte. — Z. angew. Geol., 9, H. 3, Berlin 1963.

Probleme der komplexen Erkundung von Erdöllagerstätten [1]

I. G. STJOPIN, Moskau

Die im nachfolgenden Aufsatz behandelte Methode beruht darauf, daß man durch intermittierende Förderung in einer Sonde eine Druckwelle erzeugt, deren Ausbreitung man durch Druck- und Mengenmessungen verfolgt und mit einer Standardkurve für homogene Verhältnisse vergleicht. Abweichungen beruhen auf Inhomogenitäten, welche Reflexionswellen erzeugen. Den Reflexionsort kann man mit den bekannten Regeln der Seismik ermitteln.

Das Fehlen zuverlässiger Angaben über den Bau der produktiven Schichten und die Veränderung ihrer Grundparameter in verschiedenen Bereichen stellt zur Zeit die größte Unzulänglichkeit dar, welche die Effektivität der Gewinnung aus Erdöllagerstätten mindert.

Es wird jedoch beim gegenwärtigen Stand der Anwendung von Untertage-Hydrodynamik möglich sein, mit Hilfe komplexer hydrodynamischer Untersuchungen in Erkundungs-, Exploitations-, Einpreß- und piezometrischen Bohrungen unsere Kenntnisse über den Bau der Erdölspeicher bedeutend zu erweitern. Die hydrodynamischen Untersuchungen bieten die Möglichkeit, die physikalischen Parameter und die Schichtgrenzen anhand der Wechselbeziehung zwischen den Werten der Fördermengen und der Drücke und ihrer zeitlichen Veränderung zu bestimmen.

Eine aussichtsreiche Methode hydrodynamischer Untersuchung ist die hydrologische Erkundung oder die sogenannte Methode des „Hydroabhorchens" (JAKOWLEW 1953).

Die Hydroerkundung verfeinert unsere Vorstellungen über den geologischen Bau von Erdöllagerstätten, sie läßt undurchlässige Grenzen, Abschirmungen und Erosion von Schichten erkennen. Solche Faktoren können zur Bildung abgeschirmter Erdöllager beitragen.

Durch die Ergebnisse der Hydroerkundung können Korrekturen an den projektierten Exploitationssystemen angebracht werden. Sie leisten auch Hilfe bei der Enderkundung von Lagerstätten.

[1] Eingang des Manuskripts in der Redaktion: 20. 11. 1962. Übersetzung: W. OESTREICH, Berlin

Beispiele für eine solch komplexe Untersuchung von Erdöllagerstätten bieten die Untersuchungen des Instituts WNIIneftj, die in den Jahren 1954—1957 auf den Strukturen von Bachmetjewka (Wolgagebiet bei Wolgograd) und Sokolowa Gora (Wolgagebiet bei Saratow) durchgeführt wurden.

Die hydrodynamischen Untersuchungen auf den erwähnten Lagerstätten wurden durchgeführt, um

1. die Möglichkeit und die Bedeutung solcher Untersuchungen beim Studium des geologischen Baus der produktiven Schichten zu demonstrieren,
2. den geologischen Aufbau der Schichten genauer zu erkennen, die undurchlässigen Grenzen im Detail zu ermitteln und einige Parameter der Schichten zu bestimmen.

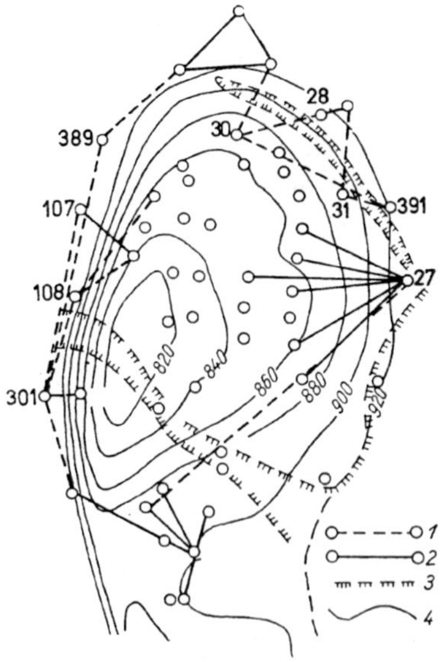

Abb. 1. Schema der Hydroerkundung der III. Zwischenlage des Horizontes B-1 der Lagerstätte Bachmetjewka (nach W. P. JAKOWLEW, vom Autor präzisiert)

1 — Eine direkte hydrodynamische Verbindung fehlt; 2 — eine direkte hydrodynamische Verbindung ist vorhanden; 3 — undurchlässige oder schwach durchlässige Grenzen nach Angaben der Hydroerkundung und der Elekttrolog-Isohypsen; 4 — Isohypsen

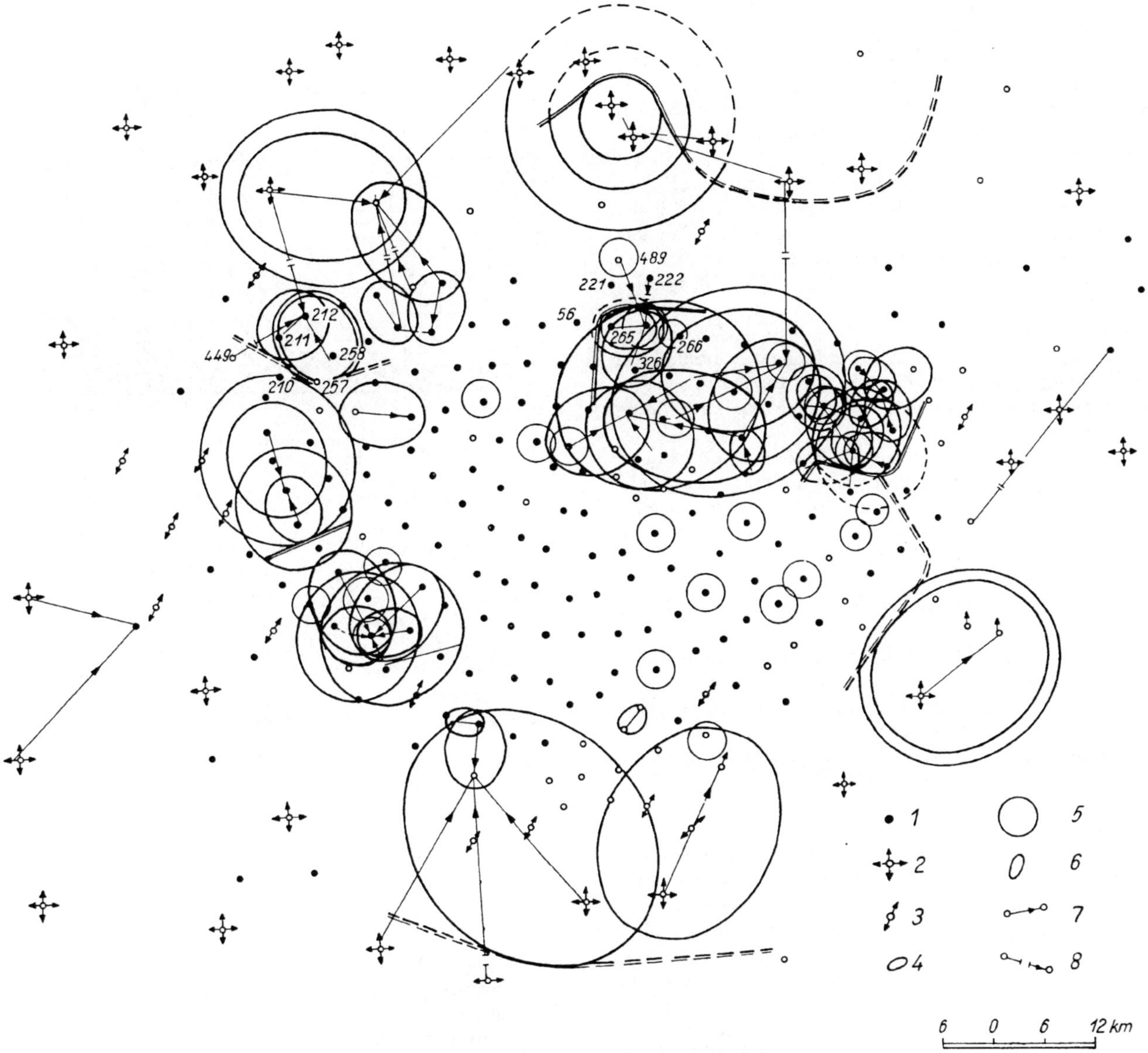

Abb. 2. Karte der hydrodynamischen Untersuchungen auf der Lagerstätte Bawly (nach W. P. Jakowlew, G. M. Judin, I. G. Stjopin)

1 – in Betrieb befindliche Bohrungen; 2 – Einpreßbohrungen in Betrieb; 3 – piezometrische und Kontrollbohrungen; 4 – Bestreichungsellipsen nach den Ergebnissen des „Abhörens“; 5 – bestrichene Zone nach den Werten der Druckwiederherstellung; 6 – Ellipsen der möglichen Grenzen von Störung des hydrodynamischen Zusammenhangs; 7 – Abhörrichtungen; 8 – fehlender hydrodynamischer Zusammenhang

Bei der Lagerstätte Bachmetjewka wurde die sandige Zwischenlage „III“ der Schicht B-1 untersucht (Tula-Stufe des Unterkarbons).

Die Untersuchungen gaben die Möglichkeit, eine Reihe undurchlässiger Grenzen zu ermitteln. So wurde z. B. auf dem Ostflügel der Struktur durch das Abhorchen der Bohrung 391 (Abb. 1) in der Bohrung 27 eine undurchlässige Grenze ermittelt. Das Ergebnis wurde bestätigt durch das Auskeilen der Schicht B-1, das durch Bohrungen nachgewiesen werden konnte.

Auf dem Westflügel wurden im Jahre 1955 hydrodynamische Untersuchungen durchgeführt. Zwischen den Bohrungen 301 und 108, 107 und 389 wurde kein hydrodynamischer Zusammenhang festgestellt.

Das spricht dafür, daß südlich der Bohrung 108 eine Zone liegt, in der die Sandsteinzwischenlage „III“ der Schicht B-1 auskeilt. Diese Zone trennt die südliche Periklinale vom übrigen Teil der Struktur ab, was auch durch die Ergebnisse der Elektromessungen bestätigt wird.

Unter Zugrundelegung der 1955–1956 ermittelten Untersuchungsergebnisse kann man den Schluß ziehen, daß die Schicht B-1 im Gebiet der nördlichen Periklinale zwischen den Bohrungen 28 und 30 und den Bohrungen 31 und 28 offensichtlich eine Zone mit verschlechterten Speichereigenschaften aufweist. Diese Zone verläuft als kleiner Streifen von der nördlichen Periklinale zur Ostflanke (nahe Bohrung 31) und dann in Richtung auf die Bohrungen 391 und 27.

So haben die genannten Methoden es ermöglicht, den geologischen Bau dieser Lagerstätte bedeutend genauer zu erkennen und eine ganze Reihe undurchlässiger

Grenzen festzustellen, die mit den durch Elektrolog und Bohrungen erhaltenen Werten übereinstimmen.

Bei der Lagerstätte Sokolowa Gora wurden hydrodynamische Untersuchungen in folgenden Horizonten durchgeführt: in D_3^{II} (untere Schtschigri-Schichten der Frasnien-Stufe im Oberdevon) und in D_2^{V} (Givet-Stufe im Mitteldevon).

Die komplexen geologischen und geophysikalischen Studien gaben die Möglichkeit, den geologischen Bau der genannten Horizonte erheblich genauer zu erkennen, die Aufarbeitung dieser Horizonte zu ermitteln sowie die Schichten festzustellen, in denen die Abtragungsprodukte wieder zum Absatz kamen.

Im Zusammenhang mit der festgestellten Auswaschung des Horizonts D_3^{II} der Lagerstätte Sokolowa Gora gelang es, von der Flanke in Richtung zum Scheitel der Struktur stratigraphisch abgeschirmte Erdölfallen nachzuweisen.

Auf Grund dieser Ergebnisse konnte man annehmen, daß es möglich sein müßte, auch in anderen Strukturen des Wolgagebiets um Saratow ähnlich abgeschirmte Erdöllager zu finden. Außerdem war es durch die genauere Kenntnis der Geologie des Horizonts D_2^{V} von Sokolowa Gora möglich, in dessen oberen Partien Sandsteinlinsen nachzuweisen, die offensichtlich Erdöl enthalten.

In den Jahren 1958—1961 wurden auf der Lagerstätte Bawly hydrodynamische Untersuchungen betrieben. Die Untersuchungen galten dem Horizont D_I (Paschi-Schichten des Frasnien im Oberdevon).

Auf der Grundlage der Untersuchungsergebnisse im Horizont D_I auf der Lagerstätte Bawly wurde eine Karte der hydrodynamischen Untersuchungen konstruiert (Abb. 2).

An einem Beispiel sollen Methode und Berechnung dieser Arbeit zur Feststellung undurchlässiger Grenzen des Horizonts D_I durch Hydroerkundung erläutert werden, und zwar im Gebiet der Bohrungen 212, 258, 257, 210 und 449 (Abb. 2). In der Bohrung 212 wurde ein Manometer (Jakor — 2) installiert, welches die Druckschwankungen in Abhängigkeit von Tätigkeit und Stillstand der benachbarten Bohrungen angab. Für die Berechnung der Lage der undurchlässigen

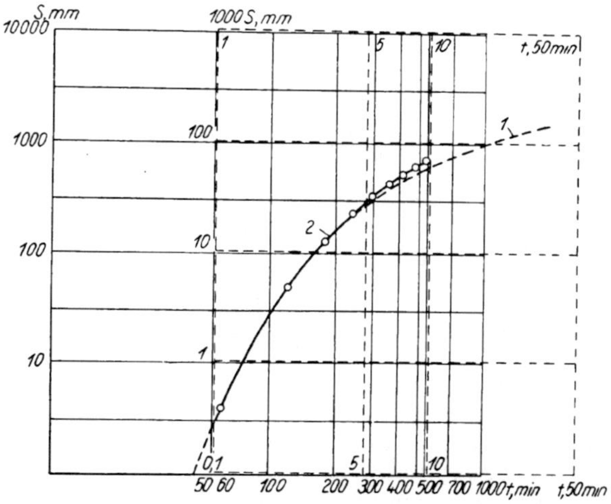

Abb. 3. Kurven nach JU. P. BORISSOW

1 — Eichkurve von BORISSOW; 2 — Bohrfeldkurve;

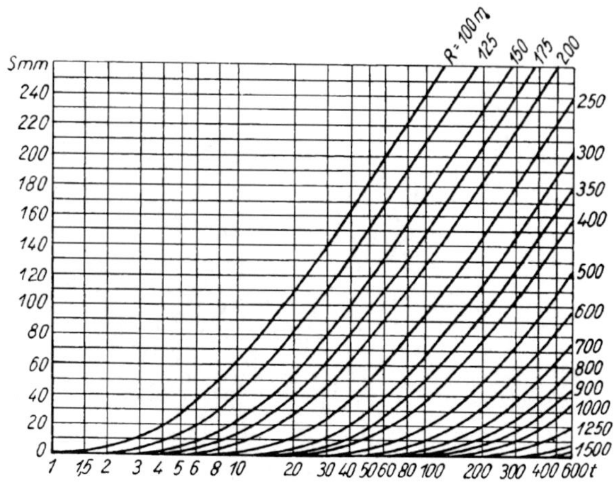

Abb. 4. Nomogramm nach N. P. JAKOWLEW

Grenze wurde die von JAKOWLEW (1959) beschriebene Methodik verwendet.

Wir gehen kurz auf diese Methodik ein.

Über die in ein logarithmisches Netz gezeichnete Druckcharakteristik Sf(t) wird die BORISSOWsche Eichkurve so aufgelegt, daß sie zusammenfallen (Abb. 3). Wir stellen fest, mit welchem Ordinatenwert S der Druckkurve die Ordinate $S_1 = 1$ mm der Eichkurve zusammenfällt.

Wir erhalten daher die Beziehung:

$$\frac{S_1}{S} = \frac{k h}{\mu \Delta Q}$$

Bringen wir ΔQ nach links, dann erhalten wir den Koeffizienten der Hydroleitfähigkeit $\frac{k \cdot h}{\mu}$

$$\frac{S_1 \Delta Q}{S} = \frac{k \cdot h}{\mu}$$

Auf dieselbe Weise stellt man fest, mit welchem Wert von t des Netzes die Druckkurve t_1 des Netzes der Eichkurve zusammenfällt, und dann bestimmt man den Koeffizienten der Piezoleitfähigkeit ($\varkappa$) nach folgender Formel:

$$\frac{t}{t_1} = \frac{10 R^2}{\varkappa}$$

also ist $\varkappa$ dann $\frac{10 R^2 \cdot t_1}{t}$

Hierbei bedeuten:

S_1 — Ordinate des Netzes der Eichkurve in mm Wassersäule
S — die mit S_1 zusammenfallende Ordinate der Druckkurve in mm Wassersäule
t_1 — Abszisse des Netzes der Eichkurve, in min
t — die mit t_1 zusammenfallende Ordinate der Druckkurve, in min
ΔQ — Veränderung der Förderleistung der „Sender"-Bohrung bei Entsendung einer Druckwelle zur „Empfänger"-Bohrung in m³/Tag
R — Abstand zwischen Sender- und Empfängerbohrung in m
k — Durchlässigkeit in Darcy
μ — Viskosität in Centipoise
C_0 — Kompressibilitätskoeffizient in Teilen des Volumens des Horizonts

Wenn die Druckkurve mit der Eichkurve über deren ganze Erstreckung gute Übereinstimmung zeigt, kann

Bestimmung der Schichtparameter nach der Kurve S f (t)

Zeit (min)	Koordinaten: Veränderung des Niveaus (mm) S	Koordinaten: Eichkurve S_1	Bemerkungen: Abstand R zwischen den Bohrungen 212 und 258 = 600 m; $\Delta Q = 90\ t = 126\ m^3/d$; Skalenwert des Geräts Jakor−2 : 20
420	0	0	$\Delta QS_1 = \frac{kh}{\mu} = \frac{126}{57,6} = 2,19 \frac{Darcy \cdot m}{Centipoise}$ $S = 2,88 \cdot 20,0 = 57,6$ $t = 385$
480	2	0,695	
600	5	1,735	$\varkappa = \frac{10R^2t_1}{t} = \frac{360\,000}{385} = 9350$
720	9	3,125	
840	13,0	4,51	$C_0 = 22 \cdot 10^{-6}$
960	19,0	6,60	$\frac{k}{\mu} = \frac{220 \cdot 9350}{10\,000\,000} = 0,2055$ Darcy/ Centipoise
1080	26	9,03	
1200	31,7	11,0	
1320	40,7	14,1	$h = \frac{2,19}{0,2055} = 10,65$ m – Porenvolumen bei einer Porosität von 0,2%
1440	51,0	17,7	
1560	57,0	19,76	
			$R_{refl.} = 600 \sqrt{\frac{1400}{385}} = 1140$ m – Summe der Radienvektoren
			$R_{refl.} = \sqrt{\frac{t_{refl.}}{t_{dir.}}}$ Ellipse, welche die Schicht bestreicht:
			$R_{refl.} = 600 \sqrt{\frac{1200}{385}} = 1060$ m

man damit die Bearbeitung abschließen und vermerken, daß der Horizont in einem bestimmten Bereich homogen ist und Grenzen vorerst nicht zu erkennen sind.

Die natürlichen Horizonte sind aber gewöhnlich inhomogen; deshalb fallen die Druckkurven nicht immer einwandfrei mit den Eichkurven zusammen.

Abweichungen der Druckkurven von der Eichkurve in einem Bereich, der einer längeren Zeit entspricht, erklären sich hauptsächlich durch die Ankunft reflektierter Wellen von den Grenzen, die einen Horizont mit gegebenen Eigenschaften von einem anderen mit anderen Eigenschaften abteilen.

Um den Abstand bis zu der Grenze zu bestimmen, welche die Reflexion bewirkt hat, muß man die zusammengesetzte Welle in ihre Komponenten zerlegen, nämlich in die direkte und die reflektierte Welle. Das geschieht mit Hilfe des von W. P. JAKOWLEW (Abb. 4) entwickelten Nomogramms. Dieses Nomogramm stellt von sich aus eine Eichkurve dar, die auf ein halblogarithmisches Netz aufgetragen worden ist.

Die Analyse geht wie folgt vor sich: Die Ordinatenwerte der Druckkurve werden mit dem Verhältnis $\frac{S_1}{S}$ multipliziert (dieses Verhältnis wird aus der BORISSOWschen Kurve gefunden) und in das halblogarithmische Netz eingetragen (Abb. 5, Kurve a). Auf die erhaltene Kurve trägt man eine aus dem Nomogramm auf Transparentpapier kopierte Kurve auf (Abb. 5, Kurve b). Nachdem man die beste Übereinstimmung des Anfangsteils der Druckkurve mit der Kurve des Nomogramms erhalten hat, sticht man mit dem Zirkel die Punkte des nicht übereinstimmenden Teils der Eichkurve ab und zeichnet auf einem Netz diese Kurve. Die Differenzen zwischen den Ordinatenwerten der Eichkurve und der tatsächlichen Kurve (faktischen Kurve) trägt man nach unten zu ab und konstruiert danach von der Nullachse die Kurve Sf(t) der reflektierten Welle (Abb. 5, Kurve c).

Im Falle der Ungleichheit zwischen reflektierter und direkter Welle müssen die Ordinatenwerte der ersteren bis zur vollen Übereinstimmung der reflektierten Welle mit der Normalkurve des Nomogramms vergrößert oder verkleinert werden. Wenn nach einem solchen Zusammenfallen des ersten Teils der reflektierten Welle mit der Eichkurve der letzte Teil der Kurve damit nicht übereinstimmt, so bedeutet das, daß nach der Ankunft der ersten reflektierten Welle eine zweite eintraf, die ebenfalls ausgeschieden und bestimmt werden muß.

Die Grenzen, hinter denen die Hydroleitfähigkeit eines Horizonts sehr schnell abnimmt, entsenden eine positiv reflektierte Welle, welche die Ordinatenwerte der faktischen Kurve gegenüber der Eichkurve nach der Seite der Zunahme hin verschieben. Grenzen, hinter denen die Hydroleitfähigkeit zunimmt, entsenden eine negativ reflektierte Welle, d. h., die Ordinaten der Erdölfeldkurve weichen von der Eichkurve nach unten hin ab.

Danach wird die Länge des von der Front der reflektierten Welle zurückgelegten Wegs ($R_{refl.}$) nach folgender Formel bestimmt:

$$R_{refl.} = R \sqrt{\frac{t_{refl.}}{t_{dir.}}}$$

Hierbei bedeuten:

R — Abstand (m) zwischen den Bohrungen
$t_{dir.}$ — Laufzeit der direkten Welle in min
$t_{refl.}$ — Laufzeit der reflektierten Welle in min

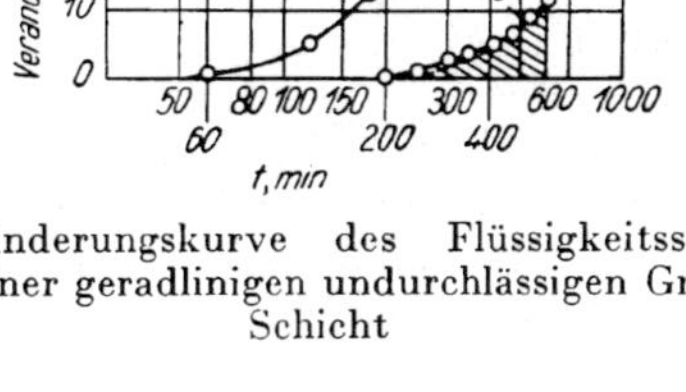

Abb. 5. Veränderungskurve des Flüssigkeitsspiegels bei Auftreten einer geradlinigen undurchlässigen Grenze in der Schicht

$R_{refl.}$ ist gleich der Summe der Radien der Ellipsenvektoren der möglichen Lagen der Grenze, welche reflektiert hat. Auf welchem Teil dieser Ellipse sich diese Grenze befindet, kann man entscheiden, wenn man eine dritte Bohrung abgehört und auf dieser Basis noch eine oder zwei Ellipsen erhalten hat.

Die Grenze muß beide Ellipsen berühren.

Nun betrachten wir das Beispiel für die Bestimmung der Lage einer undurchlässigen Grenze im D_I-Horizont der Lagerstätte Bawly.

Wie wir bereits gesagt haben, wurde zu diesem Zweck auf der Bohrung 212 ein Gerät vom Typ Jakor—2 aufgestellt, mittels dessen die Wechselwirkung mit der Bohrung 258 sowie mit der Bohrung 211 studiert wurde (Abb. 2).

Mit der Fadenmethode konstruiert man die Ellipsen mit den Fadenlängen 1140 und 1060 m um die Bohrungen 212 und 258. Man erhält dabei die Orte für die mögliche Lage der reflektierenden Grenze.

Da man nach einer Ellipse allein die Grenze nicht bestimmen kann, berechnen wir wie im vorhergegangenen Beispiel die Ergebnisse des Abhörens der Bohrungen 212 und 211 und konstruieren die Ellipse in gleicher Weise.

Das Abhören der Bohrungen 212 und 449 hatte gezeigt, daß ein hydrodynamischer Zusammenhang fehlt, folglich wird die vermutliche Grenze zwei Ellipsen berühren und im Gebiet der Bohrungen 449 und 257 verlaufen (siehe Abb. 2).

Solcherart wird die Lage der undurchlässigen Grenzen bestimmt. Die übrigen Grenzen wurden entsprechend dem behandelten Beispiel festgelegt.

Unter Einbeziehung aller geologischen und geophysikalischen Faktoren kann auf dieser Grundlage eine Begründung für die Anlage und den Verlauf der undurchlässigen Grenzen gegeben werden.

So wurde z. B. auf der Basis hydrodynamischer Untersuchungen angenommen, daß im nördlichen Teil der Lagerstätte Bawly eine undurchlässige Grenze vorhanden sei, die zwischen den Bohrungen 266—222, 266—489, 265 und 221, 265—56 verläuft. Diese Grenze wurde durch Abhören der Bohrungen 489, 265 und 326 von der Bohrung 266 aus ermittelt.

Die Auswertung der geologischen und geophysikalischen Unterlagen zeigte, daß im Gebiet der Bohrung 222 eine Verschlechterung der Speichereigenschaften des Horizonts zu beobachten ist, ferner gibt es im Gebiet der Bohrung 222 eine Aleurolit-Zwischenlage, die in Richtung auf Bohrung 266 möglicherweise stark entwickelt ist und eine lithologische Abschirmung erzeugt (Abb. 6).

Im nordwestlichen Teil der Lagerstätte Bawly wurden ebenfalls hydrodynamische Untersuchungen durchgeführt.

Diese Beispiele, herausgegriffen aus einer großen Anzahl ähnlicher hydrodynamischer Untersuchungen des Horizonts D_I der Lagerstätte Bawly, gaben die Möglichkeit, eine Reihe undurchlässiger Grenzen zu ermitteln, die zusammen mit den geologischen und geophysikalischen Daten komplex ausgewertet wurden. Die Grenzen dieses Lagers haben jedoch lithologischen Charakter oder hängen mit einer Verschlechterung der Speichereigenschaften des Horizonts D_I zusammen, sie besitzen keinen disjunktiven Charakter, sind also keine Verwerfungen usw. Das konnten auch andere Wissenschaftler (M. M. MAKSIMOW, S. A. SULTANOW) bestätigen, die in keinem Bereich der Lagerstätte Bawly auf die Anwesenheit disjunktiver Störungen hingewiesen haben.

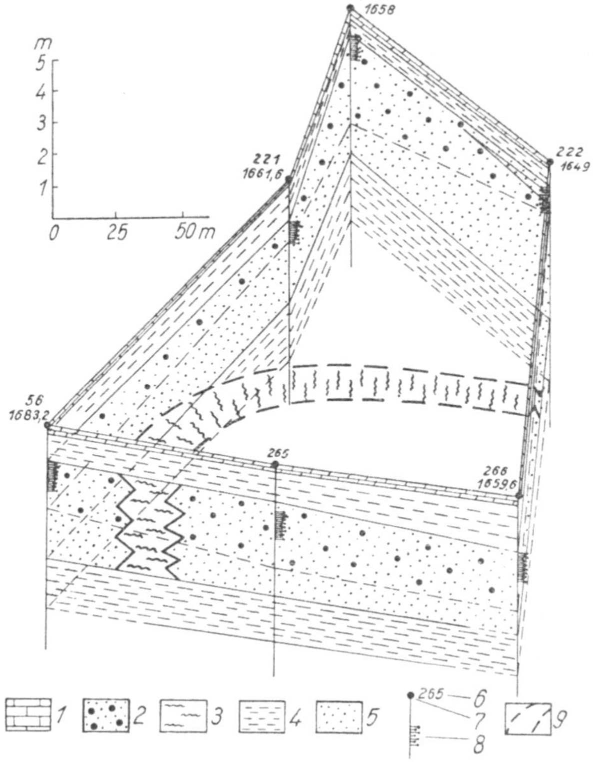

Abb. 6. Blockdiagramm der Schicht D_I im nördlichen Bereich der Lagerstätte Bawly

1 — Kalkstein; 2 — erdölführender Sandstein; 3 — Aleurolit; 4 — Ton; 5 — wasserführender Sandstein; 6 — Nummer des Bohrlochs; 7 — relative Höhenmarke des Hangenden des oberen Kalksteins; 8 — Perforationsabschnitt; 9 — undurchlässige Grenzen nach den Angaben der Hydroerkundung

Außerdem wurden auf den Horizont D_I der Erdöllagerstätte Bawly etwa 300 Bohrungen mit einem durchschnittlichen Abstand von 300—400 m niedergebracht, wobei keine einzige Bohrung eine Störung disjunktiven Charakters antraf. Auf den benachbarten Lagerstätten (Aleksandrowka, Tujmasy, Romaschkino u. a.) wurde ebenfalls keine einzige Bruchstörung angetroffen.

Es ist auch möglich, daß man in einigen Fällen die durch Hydroerkundung festgestellten undurchlässigen Grenzen mit geringmächtigen tonigen Zwischenlagen erklären kann, die hin und wieder in Schrägschichtung vorliegen und mit den Standard-Elektromessungen nicht voneinander zu trennen sind.

In einigen Fällen kann man das Fehlen eines hydrodynamischen Zusammenhangs mit einer horizontalen undurchlässigen Grenze erklären infolge der Perforierung verschiedener Bereiche des Horizonts D_I in den untersuchten Bohrungen.

Wie die Untersuchungen des Horizonts D_I auf der Lagerstätte Bawly zeigten, besitzt diese Schicht im nördlichen Teil der Lagerstätte schlechtere Speichereigenschaften. Ferner ist zu beobachten, daß an manchen

Stellen der Sandstein des Horizonts D_I durch Tone, Argillite und Aleurolite „verdrängt" wird, besonders im nordöstlichen Teil der Lagerstätte.

Folgerungen

1. Für die komplexe Untersuchung des geologischen Baus von Erdöllagerstätten sind neben den geologischen auch hydrodynamische Untersuchungen durchzuführen.

2. Die komplexe Erkundung der Erdölschichten, beruhend auf einer sorgfältigen und vollständigen Auswertung der Elektromessungen zusammen mit hydrodynamischen und bohrfeldgeologischen Untersuchungen, wird es gestatten, den geologischen Bau der Erdöllagerstätten genauer zu erkennen. Diese Untersuchungen erlauben es, Bereiche zu ermitteln, in denen ölführende Schichten und Linsen auftreten.

3. Die Erfahrungen mit der Hydroerkundung (im Gebiet von Grosny, im Wolgagebiet und in Tatarien) haben gezeigt, daß die Anwendung dieser Methode zur Verfeinerung der Vorstellungen vom geologischen Bau der Lagerstätten beiträgt. Verschiedene wichtige Besonderheiten können nachgewiesen werden, z. B. undurchlässige Grenzen, Abschirmungen, Auskeilen von Schichten, Erosionserscheinungen usw. Auf diese Weise vermittelt sie Unterlagen für die Überprüfung von Abbauprojekten und gibt Hilfe bei der Enderkundung der Lagerstätten.

4. Beim Aufsuchen und bei der Erkundung von Erdöllagerstätten sind rechtzeitig hydrodynamische Untersuchungen durchzuführen, die es gestatten, die Verbreitung eines Speichergesteins zu verfolgen und seine Perspektiven richtig einzuschätzen. Dadurch können sowohl die Zahl der für den Nachweis einer Lagerstätte erforderlichen Bohrungen als auch die Fristen für den Nachweis der Produktivität im einzelnen reduziert werden.

5. Da man mit Hilfe der Hydroerkundung undurchlässige Abschirmungen feststellt, die zur Bildung tektonischer oder stratigraphischer Fallen beitragen, wird das Aufsuchen von Erdöllagern dieses Typs erheblich erleichtert.

6. Bei der Abbauprojektierung von Erdöllagern müssen ebenfalls hydrodynamische Untersuchungen (Hydroerkundung) durchgeführt werden. Die festgestellten geologischen Besonderheiten eines Speichers sind beim Ansetzen der Produktionsbohrungen zu berücksichtigen.

7. Bei einer umfassenden Einführung der genannten Untersuchungen in die Praxis der Erkundung und Gewinnung von Erdöl können sie in Zukunft, komplettiert mit bohrfeldgeologischen und geophysikalischen Untersuchungen, nicht nur zur genaueren Erfassung des geologischen Baus und der Enderkundung von Lagerstätten beitragen, sondern sie werden auch zu eigenen Untersuchungsmethoden, welche die Erkundung neuer Erdöllagerstätten in vieler Hinsicht fördern.

Zusammenfassung

Verf. demonstriert anhand von einigen Beispielen den Wert komplexer Erkundung von Erdöllagerstätten. Neben den üblichen geologischen und geophysikalischen Untersuchungen wird besonderer Wert auf hydrodynamische Messungen und Berechnungen (Hydroerkundung) gelegt. Mit solchen komplexen Methoden kann der Produktivitätsbereich eines Speichers recht genau abgetastet werden. Die Anwendung dieser Art komplexer Untersuchungen kann zu einer Reduktion des Bohrprogramms und zu einer Beschleunigung der Erkundung führen.

Резюме

На основе некоторых примеров автор показывает значение комплексной разведки нефтяных месторождений. Наряду с обычными геологическими и геофизическими исследованиями, особое значение придается гидродинамическим измерениям и подсчетам (гидроразведка).

С помощью подобных комплексных методов можно довольно точно определять продуктивные участки коллектора. Использование комплексных исследований такого рода может приводить к уменьшению буровой программы и к ускорению разведки.

Summary

Some examples are given by the author to demonstrate the value of complex petroleum deposit reconnaissance. In addition to the usual geological and geophysical investigations special importance is attached to hydrodynamic measurements and calculations (hydro-reconnaissance). Such complex methods enable a rather precise estimate of the productivity range of a reservoir. Their application can result in a reduction of the drilling programme and acceleration of reconnaissance works.

Literatur

JAKOWLEW, W. P.: Die hydrologische Erkundung von Öl- und Gashorizonten. — Gostoptechisdat (1953).

— Operator zur Untersuchung von Erdölbohrungen. — Gostoptechisdat (1959).

STJOPIN, I. G. & G. W. SCHTSCHERBAKOW: Die genauere Erfassung des geologischen Baues der Horizonte D_3II und D_2IV auf der Lagerstätte Sokolowa Gora. — NTS WNII, Nr. 16 (1962).

WASSILEWSKI, W. N., W. P. JAKOWLEW, I. G. STJOPIN u. a.: Theoretische und experimentelle Untersuchung und Entwicklung der hydrodynamischen Methoden zur Untersuchung von Horizonten und Bohrungen auf dem Bohrfeld. — Bericht des WNIIneftj zu Thema Nr. 169 für das Jahr 1962.

W. N. SCHTSCHELKATSCHOW

Analyse des derzeitigen Standes der Erdölförderung und des Abbaus von Erdöllagerstätten in den USA[1)]

Referiert von A. N. SNARSKIJ, Freiberg, & F. STAMMBERGER, Berlin

Bisher haben in der DDR die Probleme des Abbaus von Erdöllagern noch zu keiner breiten Diskussion geführt, weil die Geologen und Wirtschaftler vor allem rationelle Methoden der Suche und des Erkundens aufzufinden bemüht waren. Zweifellos ist jetzt jedoch die Zeit gekommen, sich auch intensiver mit Abbaufragen zu beschäftigen.

Das vorliegende, konzentriert gehaltene und inhaltsreiche Buch W. N. SCHTSCHELKATSCHOWS untersucht auf Grund eines sehr umfangreichen Tatsachenmaterials aus den USA eines der zentralen Abbauprobleme der Erdölindustrie: die Beziehungen der Erdölabgabe einer Schicht zur Größe der durch eine Bohrung entölten (dränierten) Fläche und den Grad der dabei erreichten Entölung.

Die Erdölabgabe der Schicht gehört zu den „alten" noch immer nicht befriedigend gelösten Fragen, die nur gestützt auf theoretische und experimentelle Forschungen und die Abbauerfahrung der Industrie volkswirtschaftlich richtig entschieden werden können. Selbstverständlich stehen eigene Arbeiten und die eigene Erfahrung dabei im Vordergrund. Sehr nützlich ist jedoch

[1)] Aus: Gosinti, Moskau 1961, 115 Seiten, 13 Tabellen

auch das kritische Studium fremder Beobachtungen, insbesondere eines solchen Großproduzenten wie die USA.

SCHTSCHELKATSCHOW stützt sich bei seiner Untersuchung auf eine sehr interessante Sammlung von Tatsachen aus den USA, die es verdient, einem größeren Kreis von Geologen, Wirtschaftlern u. a. zugänglich gemacht zu werden[2]).

Der Verf. hat seine Vorratsangaben über die USA vor allem einem Aufsatz von P. TORREY (The Oil and Gas Journal, 1960, Nr. 24) entnommen und diese unter Auswertung der Arbeiten von 24 anderen Autoren korrigiert, ergänzt und präzisiert.

Die von diesen Autoren genannten Vorratszahlen entsprechen vorratsklassenmäßig ungefähr unserer Klasse A. Die Umrechnung von Barrel auf Tonne erfolgte auf der Grundlage 7,42 Barrels gleich 1 Tonne (nach den vorliegenden Angaben zur Rohstoffdichte errechnet).

In den USA wird in rund 9000 Lagerstätten aus etwa 17000 Lagern gefördert. Die Summe der Erdölvorräte aller jemals in den USA entdeckten Lagerstätten (die „geologischen", absoluten Vorräte) beträgt 44,26 Mrd. t. Bis zum 1. 1. 1960 wurden insgesamt 8,44 Mrd. t gefördert. Zu diesem Zeitpunkt konnten nach TORREY noch 4,17 Mrd. t ohne Beeinflussung der Schicht gefördert werden. Diese Zahl erhöht sich um rund 2 Mrd. t, wenn industriell erprobte[3]) und rentable Methoden der Einwirkung auf die Schicht angewandt werden. Die „industriellen" Erdölvorräte betragen somit 6,17 Mrd. t. Sie betrugen 14,61 Mrd. t bei Hinzufügen der bisherigen Gesamtförderung. Daraus folgt, daß

a) die USA bereits 57,8% der ursprünglichen „industriellen" Vorräte gefördert haben (oder 19,1% der geologischen);

b) in den USA nur mit einer Erdölabgabe — selbst bei Sekundärmaßnahmen — von 33,0% gerechnet wird;

c) der von Sekundärbehandlung erwartete Effekt zu rund 48,0% der ohne solche Maßnahmen noch gewinnbaren Vorräte führt.

Im Jahre 1959 wurden 334,5 Mill. t Erdöl in den USA gefördert. Das sind 8% der primär gewinnbaren Vorräte, 5,4% aller gewinnbaren Vorräte und 2,3% der überhaupt vorhanden gewesenen industriellen Vorräte (0,76% der ursprünglichen „geologischen" Vorräte).

TORREY berechnet auch jenen Vorratsanteil, der überhaupt zu gewinnen ist, wenn „neue" Methoden ohne Berücksichtigung ihrer Wirtschaftlichkeit und des Standes ihrer technischen Ausarbeitung einkalkuliert werden: er erhält weitere 5,93 Mrd. t, d. h. mit den obengenannten Vorräten insgesamt 6,17 + 5,93 = 12,10 Mrd. t.

Aus diesen Ziffern folgt eindeutig, daß die USA bereits ein relativ spätes Stadium des Abbaus ihrer Lagerstätten (im Durchschnitt) erreicht haben. Nur in drei der 23 in den Erdölstatistiken geführten Staaten (Nord-Dakota, Alabama und Utah) wurden bisher weniger als 15% der ursprünglich gewinnbaren Vorräte abgebaut, während per 1. 1. 1960 für Kalifornien 75,8%, Oklahoma 81,1% und Pennsylvania 91,6% bereits erreicht waren.

[2]) Verf. konnte dazu nur Unterlagen auswerten, die bis Oktober 1960 in den USA veröffentlicht worden sind.

[3]) Darunter wird die Injektion von Wasser, Luft oder Gas verstanden.

Von 1859 bis 1. 1. 1960 sind in den USA 1842000 Bohrungen niedergebracht worden, von denen etwa 1157000 fündig wurden. Am 1. 1. 1960 gab es in den USA noch 575777 fördernde Sonden[4]), d. h., etwa die Hälfte (581000 Sonden) waren in dieser Zeit zum Erliegen gekommen.

Vom 1. 1. 1956 bis 1. 1. 1960 wurden 107722 Sonden fündig. In der gleichen Zeit schieden jedoch 69627 (64,7%) aus, so daß die Gesamtanzahl nur um 38095 zunahm.

Für 1959 ergibt sich folgendes Bild:

Von 50893 Sonden brachten

25379 Erdöl,
1255 Kondensat,
3761 Gas.
19101 waren ohne Erfolg und
1397 Hilfsbohrungen, darunter Injektionssonden.

Für diese Sonden wurden 63,5 Mill. Bohrmeter verausgabt, d. h. durchschnittlich 1250 Meter für eine Sonde. Von der Gesamtbohrmeterleistung entfielen:

48,75 Millionen m auf Produktionssonden,
14,73 Millionen m auf Erkundungsbohrungen.

Von den Erkundungsbohrungen waren nur 13,2% erfolgreich.

Gebohrt wurde die Mehrzahl der Bohrungen (41623 = 81,8%) mit Rotary-Anlagen, der Rest im Schlagbohrverfahren.

Auf jede vorhandene Produktionssonde kommen in den USA also noch 7200 t primär gewinnbare bzw. 10700 t insgesamt gewinnbare Vorräte.

Die durchschnittliche Förderrate aller Sonden ist klein: 1,64 t/Tag. Am 1. 1. 1959 gehörten 65% (373870) aller in Betrieb befindlichen Sonden zur Gruppe derjenigen mit besonders kleiner Förderrate, d. h. bis zu 1,35 t/Tag. Der Durchschnitt für diese Gruppe, die 21% der Gesamtförderung 1959 lieferten, lag bei nur 0,505 t/Tag. Sie enthielten 11,2% der primär gewinnbaren Erdölvorräte. Eruptiv förderten nur 12% aller in Förderung stehenden Sonden.

Bemerkenswert ist die Tatsache, daß dieser Anteil sich seit 20 Jahren nicht verändert hat, obwohl gerade in diese Zeit die breite Anwendung und Einführung der Methoden zur Erhaltung des Schichtdrucks fällt. Hier äußert sich offensichtlich die unrationelle Organisation des Abbaus infolge der kapitalistischen Eigentumsverhältnisse an den Lagerstätten; denn in der UdSSR stieg seit 1945 der Anteil eruptiv fördernder Sonden von 20 auf 74% (1960).

Unter den rund 9000 Lagerstätten[5]) waren am 1. 1. 1960 nur 221 große mit Vorräten über 13,5 Mill. t primär gewinnbarer Mengen, die über die Hälfte der entsprechenden Gesamtvorräte des Landes besaßen und 1959 46,9% der Förderung lieferten.

Am 1. 1. 1960 gab es in den USA 240 Lagerstätten mit einer Tagesförderung von mehr als 1000 m³, 20 Lagerstätten mit mehr als 5000 m³ und 3 mit mehr als 10000 m³.

[4]) Am 1. 1. 1961 waren es 588335 Sonden.

[5]) In den statistischen Angaben (1957) des Am. Inst. of Min., Met. and Petr. Eng. (8800 Lagerstätten) fehlen einige Staaten.

Das Abbautempo erscheint in den USA auf den ersten Blick sehr hoch. Doch da es auf die industriellen Vorräte bezogen wird, die bei 33% Erdölabgabe der Schicht nur einen Bruchteil der geologischen Vorräte ausmachen, trügt der Schein. Eine Umrechnung auf die geologischen Vorräte reduziert das hohe Tempo aus den amerikanischen Statistiken (5,4% der gewinnbaren) auf 0,75%.

Die jährliche Erdölförderung in den USA stieg von 257 Mill. t (1950) auf den Höchststand von 353 Mill. (1956 und 1957) und lag in den folgenden Jahren knapp unter oder bei diesem Stand. Der Anteil an der Weltförderung betrug:

Tabelle 1

Jahr	USA	UdSSR
1950	52,2%	7,4%
1959	36,2%	13,5%
1960	32,8%	14,1%

Texas als größter Erdölproduzent der USA förderte 1959 132 Mill. t oder 38,2% der Gesamtförderung des Landes und besaß zu diesem Zeitpunkt 193000 Fördersonden. Ein großer Teil von diesen, die etwa 75 Mill. t Erdöl liefern, arbeitet nur 8 Tage im Monat, und zwar mit streng festgelegten Förderraten. Allein mit diesen Sonden, wenn sie monatlich 24 statt 8 Tage förderten, könnten im Jahr 150 Mill. t Erdöl mehr gefördert werden (strategische Reserve).

Die Lagerstätten sind in Texas meist sehr dicht abgebohrt. Bei rund $^3/_4$ aller Sonden kommen lediglich 8 ha Fläche auf eine Sonde. East Texas, mit 1,04 Mrd. t geologischer Vorräte die größte Erdöllagerstätte der USA, wurde sogar mit 2 ha je Sonde abgebohrt. In dieser Lagerstätte wurden bereits 52% der geologischen Vorräte gefördert, so daß durchaus mit der Erreichung von 80% gerechnet werden kann. Auf den ganzen Staat bezogen waren 1959 allerdings nur 20,4% gefördert, wobei mit 34,4% (primär) bzw. 38,7% als Gesamtentnahme gerechnet wird.

Texas als Erdölproduzent wird durch Tab. 2 charakterisiert.

Tabelle 2

Jahr	Erdölförderung Mill. t	In % zur Förderung in den USA	In % zur Förderung in der Welt	Vorhandene Fördersonden am Jahresende insgesamt	Vorhandene Fördersonden am Jahresende % der in den USA vorh.	Durchschnittliche Förderrate t/Tag
1948	130	46,3	27,6	109712	26,6	3,1
1959	132	38,2	13,8	193260	33,6	1,9

Obwohl in Texas nicht 12% — wie in den USA insgesamt —, sondern 27% der Sonden eruptiv fördern, kann das Erdöl nicht mit dem anderer Staaten der USA (und schon gar nicht mit importiertem Erdöl) konkurrieren.

Die USA sind nicht nur der derzeit größte Erdölproduzent der Welt; trotz bedeutender allgemeiner Mängel im Abbau der Erdöllagerstätten gibt es in einzelnen Objekten interessante und wertvolle Neuerungen, die gründlich studiert werden sollten.

Das von Schtschelkatschow vor allem untersuchte Problem, die Beziehungen zwischen der Dichte des Bohrnetzes, der Erdölabgabe einer Schicht und dem Abbautempo und seine Schlußfolgerungen auf Grund der Analyse amerikanischer Verhältnisse muß in anderem Zusammenhang und ausführlich behandelt werden. Hier seien aus diesem bemerkenswerten Buch, das jedem Fachmann nur empfohlen werden kann, lediglich einige der wesentlichsten Schlußfolgerungen resümiert:

a) Das Problem der Erdölabgabe einer Schicht ist nach Meinung der amerikanischen Fachleute äußerst vernachlässigt worden und spielte bei der Wahl der Sondenabstände eine sekundäre Rolle.

b) Die Wahl der Bohrlochabstände muß unter Beachtung aller Faktoren getroffen werden. Ihre Vergrößerung kann zu kolossalen Investeinsparungen führen. In den USA wird neuerdings ein weitmaschigeres Bohrnetz bevorzugt. Dabei sind bisher nur ökonomische Gesichtspunkte entscheidend, weil in der Regel (s. Norddakota) ein niedriger Koeffizient der Erdölabgabe der Schicht einkalkuliert ist.

c) Der Koeffizient der Erdölabgabe hängt nicht nur vom Sondenabstand, sondern auch vom Regime, von der Speichereigenschaft der Schicht, von der Viskosität des Erdöls u. a. ab. Seine Veränderung darf daher nicht nur auf den Sondenabstand bezogen werden. Das dichte Bohrnetz in Texas ist offensichtlich nicht der rationellste Weg, die Erdölabgabe der Schicht zu steigern. Die in Texas festgestellte Abhängigkeit zwischen Bohrdichte und Erdölabgabe resultiert hauptsächlich aus der Inhomogenität der Schichten.

Die Grundsätze zur Festlegung der Konditionen in der ČSSR[1)]

Josef Kožíšek, Prag

Seit 1953 wird der Festsetzung wirtschaftlich und technisch begründeter Konditionen in der ČSSR große Aufmerksamkeit gewidmet. Richtige Konditionen haben für die ČSSR ganz besondere Bedeutung, weil die verschiedenartigsten Typen von Lagerstätten vorliegen, und in der industriell hochentwickelten Wirtschaft der ČSSR das begründete Bestreben vorliegt, auch verhältnismäßig arme, eigene Rohstoffe zu nutzen, deren Bilanzwürdigkeit jedoch sorgfältig überprüft werden muß. Obwohl ein einheitliches Herangehen an die Problematik der Konditionen angestrebt worden ist, wurde doch meist von Fall zu Fall und methodisch verschieden entschieden.

Erst in den Jahren 1959—1960 führten die Versuche, die Prinzipien und die Methodik zu vereinheitlichen, zu konkreten Maßnahmen. Die Lösung wurde durch einige wesentliche Erkenntnisse beeinflußt, die sich aus der Praxis der letzten Jahre ergaben:

a) Die Analyse der Ergebnisse von Sucharbeiten sowie höherer Erkundungsetappen hat ergeben, daß bei diesen in einigen Fällen die Volkswirtschaft nicht befriedigende Ergebnisse deshalb erhalten wurden, weil

1) Eingang des Manuskripts in der Redaktion: 26. 10. 1962.

bereits das Ziel der Erkundung nicht die Voraussetzungen für eine volle wirtschaftliche Nutzung bot. Den Erkundungsbetrieben waren in diesen Fällen entweder die notwendigen minimalen Vorratsmengen der Lagerstätten für eine industrielle Nutzung oder der Einfluß einer Reihe anderer die Nutzung der Vorräte bestimmender Faktoren nicht im genügenden Ausmaß bekannt. Der Umstand, daß diese Voraussetzungen nicht genügend und rechtzeitig geklärt sind, könnte die Effektivität der geologischen Erkundung verringern.

b) Kontrollarbeiten auf dem Gebiete des Lagerstättenschutzes haben zur Feststellung geführt, daß die Gesichtspunkte zur wirtschaftlichen Nutzung der Lagerstätte bei verschiedenen Betrieben sehr von einander abweichen. Dies wird vor allem durch Unterschiede der Richtwerte für Konditionen verursacht, die weder ökonomisch noch technisch begründet waren. Auch bei Behandlung verschiedener ökonomischer Fragen des Bergbaus machte sich immer wieder ihre Abhängigkeit von den Konditionen bemerkbar. Wenn die Konditionen auf die Ökonomik des Bergbaus günstig wirken sollen, müssen sie auf den Grundlagen der sozialistischen Ökonomik aufbauen und die Interessen der Volkswirtschaft in ihrer Gesamtheit zum Ausdruck bringen.

Die Erfahrungen führten dazu, Konditionen in der ČSSR so zu fassen, daß sie sich als

Richtlinien für die geologische Erkundung,
Richtlinien zur Planung des Abbaus,
Basis für den planmäßigen Lagerstättenschutz

auswirken.

Grundsätze zur Bestimmung der Konditionen

Die Grundsätze zur Bestimmung der Konditionen wurden Anfang 1961 durch Regierungsbeschluß bestätigt und sind damit für den ganzen ČSSR-Bergbau bindend.

In ihrem ersten Teil definieren sie den Begriff der Konditionen und bestimmen die grundsätzlichen Gesichtspunkte für ihre Festlegung.

Der zweite Teil der Grundsätze gibt eine Übersicht über die Parameter der Konditionen. Diese Übersicht ist nicht erschöpfend, so daß sie, wenn nötig, durch andere ersetzt oder ergänzt werden können. Die Hauptbedeutung dieses Teils besteht darin, daß die Begriffe definiert werden, die bisher uneinheitlich ausgelegt und angewendet wurden.

Der dritte Teil der Grundsätze formuliert die Forderungen, die sich für die Konditionen hinsichtlich des Erkundungsstands und der Nutzung der Lagerstätte ergeben.

Bei der Planung und Projektierung der geologischen Forschung, der Sucharbeiten und der Vorerkundung sowie bei der Vorratsberechnung nach Abschluß dieser Etappen werden gewöhnlich für alle Lagerstätten bzw. eine Gruppe von Lagerstätten des betreffenden Rohstoffs allgemeingültige Konditionen angewendet, die sog. Allgemeinkonditionen.

Für die Projekte und die Vorratsberechnungen der eingehenden Erkundung sowie Vorratsberechnungen der in Abbau stehenden Lagerstätten werden sogenannte Sonderkonditionen verwendet, die von den konkret festgestellten Lagerstättenverhältnissen ausgehen.

Dieses Prinzip wird jedoch durch die Bestimmung eingeschränkt, daß der zuständige Geologe jeweils überprüfen muß, ob die Allgemeinkonditionen nicht im Widerspruch zu den Lagerstättenverhältnissen stehen. Nötigenfalls muß er entsprechend abweichende Bedingungen vorschlagen.

Schematisch stellt sich die Regelung in der ČSSR wie folgt dar:

Etappe	Art der Konditionen
Geologische Forschung	Auf Grund erwarteter Bedürfnisse der Volkswirtschaft direktiv vorgegebene Allgemeinkonditionen
Sucharbeiten	Auf Grund erwarteter Bedürfnisse der Volkswirtschaft direktiv festgesetzte, jedoch auf Grund von Analogien und der spezifischen Lagerstättenverhältnisse überprüfte Allgemeinkonditionen
Vorerkundung	Wie bei den Sucharbeiten
Eingehende Erkundung u. Lagerstätten im Abbau	Auf Grund der Methode der geologischen Varianten und ökonomischer Beurteilung festgesetzte Sonderkonditionen

Der folgende Teil der Grundsätze beschäftigt sich mit der Methodik der Ausarbeitung der Konditionen. Es wird kurz der ganze Komplex von Faktoren und ihre Beziehungen behandelt, die für die Festlegung von Konditionen maßgebend sind. Im Grunde wird dabei von der erwarteten Rentabilität der Betriebe ausgegangen, wobei jedoch dieser Grundsatz weitgehend umfassenderen wirtschaftlichen Interessen angepaßt wird, was besonders durch die Formulierung „höchstzulässiger Aufwand zur Gewinnung einer Einheit des Rohstoffs (Konzentrats)“ zum Ausdruck kommt.

Der letzte Teil der Grundsätze befaßt sich mit dem Verfahren zur Festsetzung der Konditionen und mit den für die Genehmigung der Konditionen zuständigen Organen.

Der Entwurf der Allgemeinkonditionen wird auf Grund einer technisch-ökonomischen Analyse und der Entwicklungspläne des betreffenden Industriezweigs für einzelne Rohstoffgruppen vom zuständigen Ministerium ausgearbeitet. Der Entwurf wird dann mit den Auffassungen der Staatlichen Plankommission, des Geologischen Zentralamts und des Zentralbergamts abgestimmt und danach vom zuständigen Minister bestätigt und als bindend erklärt.

Sonderkonditionen für Lagerstätten bei der eingehenden Erkundung schlägt der betreffende Erkundungsbetrieb in Zusammenarbeit mit dem Abbaubetrieb vor. Diesen Vorschlag bestätigt das Geologische Zentralamt im Einvernehmen mit dem zuständigen Ministerium, und zwar im Rahmen des Genehmigungsverfahrens für Projekte der eingehenden Erkundung. Ähnlich wird verfahren, wenn in den ersten Erkundungsetappen die Allgemeinkonditionen abgeändert werden sollen. Bei kleineren Objekten bleibt die Bestätigung der Konditionen dem Direktor des Erkundungsbetriebs überlassen.

Die Sonderkonditionen im Abbau werden von dem zuständigen Abbaubetrieb vorgeschlagen. Der Vorschlag wird auf Grund einer technisch-ökonomischen Begründung von dem zuständigen Ministerium nach vorläufiger Stellungnahme des Geologischen Zentralamts bestätigt.

Das Geologische Zentralamt ist verpflichtet, alle Entwürfe für Konditionen unter dem Gesichtspunkt des Schutzes des Mineralreichtums zu überprüfen; nicht mit den Interessen des Lagerstättenschutzes im Einklang stehenden Konditionen verweigert es seine Zustimmung.

Charakteristische Merkmale für die Regelung der Konditionen in der ČSSR

Für die Regelung der Konditionen in der ČSSR sind gewisse Merkmale kennzeichnend, auf welche hier besonders hingewiesen sei:

1. Die Konditionen sind als Bedingungen zu verstehen, bei denen man den Rohstoff der Lagerstätte als Bilanzvorrat oder Außenbilanzvorrat ausweisen kann. Daraus ergibt sich vor allem, daß als Richtwerte der Konditionen alle Bedingungen angeführt werden müssen, die für die Bestimmung der Bilanzfähigkeit entscheidend sind. Die diesen Bedingungen entsprechenden Rohstoffe der Lagerstätten sollen als Bilanzvorräte angesehen werden und dürfen nicht ohne Einverständnis der zuständigen Organe (Abschreibeverfahren) aus der Rohstoffbilanz entfernt werden.

2. Die Konditionen werden für alle Arten Mineralrohstoffe bestimmt, also nicht nur für Erze, auf welche bisweilen der Begriff der Konditionen eingeschränkt wurde. Sie umfassen auch alle Nichterze und Brennstoffe. Ohne im voraus festgesetzte Kondition (klar formulierte Voraussetzung der Bilanzwürdigkeit) darf die Erkundung keiner Lagerstätte begonnen werden; insbesondere können ihre Vorräte nicht berechnet und bestätigt werden.

3. Die Notwendigkeit, die Bedingungen (Voraussetzungen) der Bilanzwürdigkeit bereits bei Beginn der Erkundung zu kennen, führte zur Festlegung der Allgemeinkonditionen. Diese Konditionen ergeben sich aus den technischen und ökonomischen Bedingungen der bestehenden Bergbaubetriebe, wobei sie jedoch auch die erwartete Entwicklung zum Ausdruck bringen und den Rohstoffbedarf der Volkswirtschaft sowie die Möglichkeiten seiner Deckung berücksichtigen.

4. Die Konditionen müssen mit fortschreitender Erkundung präzisiert werden. An jede Stufe der Erkundung ist auch eine bestimmte Stufe der Genauigkeit und Vollständigkeit der Konditionen gebunden, so daß sie gewissermaßen eine bestimmte Beziehung zur Kategorie der Vorräte aufzeigen.

5. Die Kennwerte der Bilanzwürdigkeit basieren auf der sozialistischen Ökonomik. Sie gehen von breiten volkswirtschaftlichen Erwägungen aus und müssen als Äußerung des allgemeinen gesellschaftlichen Interesses an der Nutzung der Rohstoffe eingeschätzt werden. Sie werden daher von Organen genehmigt und abgeändert, denen die Wahrung dieses allgemeinen Interesses anvertraut ist.

6. Die Konditionen werden aus den genehmigten Kosten der Gewinnung einer Rohstoffeinheit (Konzentrat) abgeleitet. Im Hinblick darauf, daß der Wert gewisser Rohstoffe weder eindeutig durch die staatlichen Großhandelspreise noch durch die durchschnittlichen Erzeugungskosten der Betriebe des ganzen Industriezweigs bestimmt werden kann, wurde für die Festlegung der Konditionen ein besonderer Richtwert gewählt, nämlich der höchstzulässige Aufwand zur Gewinnung einer Einheit des Rohstoffs (Konzentrats). Dieser von der Staatlichen Plankommission festgelegte Kennwert bringt zum Ausdruck, bei welchem maximalen Aufwand es für die Volkswirtschaft noch zweckmäßig ist, den Rohstoff aus eigenen Lagerstätten zu gewinnen.

7. Der Faktor der Entwicklung wird in den Konditionen mit Absicht hervorgehoben. In den Grundsätzen wird gesagt, daß die Konditionen für die Förderungs-, Aufbereitungs- und Wirtschaftsverhältnisse des Zeitraums festgelegt werden, für welchen die Vorratsberechnung bzw. die Vorratsbilanz die Planungsgrundlage ist. Wie ist diese Bestimmung zu verstehen? Steht sie nicht im Widerspruch mit dem Begriff „Außerbilanzvorräte?". Der Unterschied zwischen Bilanz- und Außerbilanzvorräten besteht hier darin, daß für die Außerbilanzvorräte nur die grundsätzliche Möglichkeit besteht, daß Bedingungen zur Nutzung der Vorräte entstehen; bei den Bilanzvorräten sind diese Bedingungen dagegen konkret gegeben bzw. ist ihre Schaffung in den Plänen vorgesehen.

8. Einen wichtigen, häufig unterschätzten Kennwert bildet in den Konditionen „die minimale industriell verwertbare Rohstoffmenge". In der Mehrheit der Fälle wird er in Abhängigkeit von der Qualität bzw. den Lagerungsbedingungen des Rohstoffs festgesetzt. Sein Sinn liegt darin, Erkundungsobjekte auszuschließen, die keine Aussicht auf industrielle Nutzung haben.

Die angeführten Merkmale sind natürlich nicht für alle Konditionen gleich wichtig. Die Konditionen der Nichterze sind z. B. einfacher im Verfahren der Bearbeitung und Genehmigung der Konditionen sowie durch weitgehende Übereinstimmung der Allgemein- und Sonderkonditionen.

Anwendung der Grundsätze zur Festlegung der Bedingungen der Bilanzwürdigkeit in der Praxis

Nach Bestätigung der Grundsätze zur Festlegung der Bilanzwürdigkeitsbedingungen i. J. 1961 entwickelten sich die Arbeiten in zwei Richtungen: es wurden

a) allgemeine Konditionen und
b) die Methodik zur Festlegung der Sonderkonditionen ausgearbeitet.

Mit den Allgemeinkonditionen der Erzrohstoffe befaßte sich das Technisch-Ökonomische Institut des Ministeriums für Hüttenindustrie und Erzbergbau. Das Ergebnis war eine Arbeit, die sich einerseits mit der theoretischen Seite der Allgemeinkonditionen befaßte, und andererseits konkrete, in Form von Nomogrammen dargestellte Kennwerte enthielt, wobei die Abhängigkeit des minimalen durchschnittlichen industriellen Metallgehalts von der Menge der Vorräte und Mächtigkeit des Lagers zum Ausdruck kam. Die Kennwerte für im Tief- und Tagebau abgebaute Lager und für in unterschiedlicher Weise aufzubereitende Rohstoffe waren Gegenstand besonderer Nomogramme. Außerdem wurden Umrechnungskoeffizienten für verschiedene Nutzkomponenten in komplexen Erzen festgesetzt.

Die Allgemeinkonditionen der Nichterze wurden von einem Projektierungsinstitut des Ministeriums für Aufbau ausgearbeitet. Bei den qualitativen Kennwerten ging es von bestehenden Industrienormen aus, die den Möglichkeiten der Aufbereitung des Rohstoffs angepaßt wurden. Sie waren durch die mit den Förderungsbedingungen zusammenhängenden Kennwerte, d. h. der minimalen Mächtigkeit der Lagerstätte, der möglichen Tiefe des Abbaus, dem minimalen Vorrat des Lagers oder der einzelnen Lagerstättenkörper, ergänzt. Es hat sich gezeigt, daß diese Kennwerte in den meisten Fällen auch den Bedürfnissen der Sonderkonditionen entsprechen, wobei diese nach Bedarf mit zusätzlichen, speziellen Kennwerten ergänzt werden.

Die Arbeiten an den Allgemeinkonditionen wurden von einer interministeriellen Kommission geleitet und das Ergebnis wurde ab 1. Januar 1962 als verbindlich erklärt.

Die Allgemeinkonditionen für Brennstoffe übernahmen die bisherigen Kennwerte aus den einzelnen Kohlenrevieren, so daß sich eine besondere Bearbeitung erübrigte.

Gleichzeitig mit den Arbeiten an den Allgemeinkonditionen wurde eine Methodik zur Berechnung der Sonderkonditionen für Erzlagerstätten ausgearbeitet. Diese Ausarbeitung stützt sich auf das Prinzip der geologischen Varianten und ihrer ökonomischen Einschätzung. Zur Zeit wird diese Methodik praktisch über einen Zeitraum von 18 Monaten ausprobiert.

Mit Rücksicht auf die kurze Zeit, seit der die Grundsätze in Anwendung sind, ist es noch nicht möglich, ihre ökonomische und technische Richtigkeit und Wirksamkeit nach allen Gesichtspunkten zu beurteilen. Zweifellos haben sich jedoch die Konditionen positiv in drei Richtungen ausgewirkt: bei der Planung und Projektierung der geologischen Erkundung, auf dem Gebiete des Schutzes des Mineralreichtums und als Stimulator für die technische Entwicklung.

Aus dem Planentwurf der Sucharbeiten für die Jahre 1962/1963 wurden einige Objekte gestrichen, bei denen der vorgesehene Effekt gemäß den Allgemeinkonditionen nicht zu industriell verwertbaren Resultaten führen würde. Ohne tiefgreifende technisch-ökonomische Analyse, die zu den Kennwerten der Allgemeinkonditionen führte, wäre die Unzweckmäßigkeit dieser Objekte nicht ohne weiteres ersichtlich gewesen. Schon von diesem Gesichtspunkt aus haben sich die Konditionen bewährt.

In besonders wirksamer Weise haben sich die Konditionen als Instrument zum Schutze des Mineralreichtums geltend gemacht. Man kann sagen, daß sie unmittelbar den Ausgangspunkt für das ganze System des Schutzes des Mineralreichtums bilden. Die den Konditionen entsprechenden Vorräte müssen abgebaut werden. Sie müssen in Aufschluß-, Vorbereitungs- und Abbauplänen Berücksichtigung finden; sie stellen Richtlinien für die Staatliche Bergbauverwaltung bei der Billigung dieser Pläne und bei der Kontrolle der Förderung dar. Wenn die den Konditionen entsprechenden Vorräte aus verschiedenen (montantechnischen, ökonomischen) Gründen in verschiedenen Phasen der Nutzung des Lagers (Grubenerrichtung, Abbau, Grubenliquidation) nicht genutzt werden können, müssen sie aus den Bilanzvorräten abgeschrieben werden. Die Einwilligung hierzu muß das übergeordnete wirtschaftliche Organ, bei größeren Abschreibungen das Geologische Zentralamt im Einvernehmen mit der Staatlichen Bergbauverwaltung, der Staatlichen Plankommission und dem zuständigen Ministerium erteilen. Das Abschreibverfahren stellt also eine individuelle Überprüfung der Bilanzwürdigkeit aus in den Konditionen nicht in Erwägung gezogenen Gründen dar.

Die Konditionen sind schließlich ein nicht zu unterschätzender Stimulator der technischen Entwicklung. Die Forschung auf dem Gebiet der Technologie des Abbaus und der Aufbereitung ist zielbewußt auf die Überwindung der Hindernisse gerichtet, die bisher der Bilanzwürdigkeit im Wege standen. Dies ist z. B. bei Sand für die Glasindustrie und Gießereien, bei Lehmen für Tonwaren und feuerfeste Formsteine oder bei kleiner Mächtigkeit der Flöze verkokbarer Steinkohle der Fall. Man kann natürlich nicht behaupten, daß diese Probleme vor Festsetzung der Konditionen nicht bekannt gewesen wären. Erst die Konditionen haben jedoch genau die Differenz zwischen der wirtschaftlichen Verwertbarkeit des Rohstoffs und seinen Eigenschaften exakt bestimmt und ermöglichen, auch zahlenmäßig die Vorräte zu erfassen, die durch Lösung der gegebenen Problematik zu Bilanzvorräten werden könnten.

Zusammenfassung

Die vorstehend gegebene kurze Information soll zeigen, daß sich die ČSSR bemüht hat, ein in sich geschlossenes System von Konditionen zu schaffen, wobei bei der Fassung dieser Konditionen gewisse neue Elemente gewählt wurden, die den derzeitigen Bedingungen und Bedürfnissen Rechnung tragen. Es handelt sich hier voraussichtlich nicht um eine endgültige und erschöpfende Regelung der Konditionen, sondern es muß mit einer weiteren Entwicklung auf diesem Gebiete gerechnet werden. Die weitere Lösung dieser verantwortungsvollen Problematik erfordert natürlich eine enge Zusammenarbeit der sozialistischen Länder.

Резюме

Настоящая краткая информация должна показать, что ЧССР постаралась создать замкнутую систему кондиций, причем при установлении этих кондиций появляются известные новые элементы, соответствующие современным условиям и потребностям. Речь здесь вероятно не идет об окончательном и исчерпывающем урегулировании кондиций; следует иметь в виду дальнейшее развитие в этой области. Дальнейшая обработка этой ответственной проблематики требует, конечно, тесного сотрудничества социалистических стран.

Summary

The preceding short information shows Czechoslovak efforts to establish a coherent system of conditions, with certain new elements used in their wording to account for the present conditions and requirements. This, presumably, is not a final and exhaustive regulation, but will entail further developments in this field. Of course requires the further solution of these responsible problems a narrow cooperation between the socialist countries.

Zur Eichung und Interpretation von Neutron–Gamma-Messungen im Zechstein-Hauptkarbonat[1]

KLAUS LEHNERT, Gommern

Einleitung

Eine quantitative Auswertung von Bohrlochmessungen aus dem Zechstein-Hauptkarbonat beansprucht immer größeres Interesse. Die Aufgaben sind dabei die gleichen wie in allen Speichergesteinen, nämlich 1. eindeutige lithologische Gliederung der Bohrprofile, 2. Nachweis poröser Zonen und quantitative Ermittlung der Nutzporosität und des Formationsfaktors, 3. Nachweis des Poreninhalts (Gas, Öl, Wasser) und möglichst quantitative Ermittlung der Wassersättigung.

Die erste dieser Aufgaben ist grundsätzlich gelöst; es gelingt in fast allen Fällen die eindeutige Unterscheidung nicht nur von Anhydrit, Steinsalz, Karbonat, sondern auch lithologisch und petrographisch verschieden ausgebildeter Zonen innerhalb des Hauptkarbonats selbst. Die zweite Aufgabe, nämlich der Nachweis poröser Zonen, ist prinzipiell sowohl mittels Widerstandsmessungen kleiner Eindringtiefen wie auch mittels neutronenphysikalischer Messungen lösbar. Die quantitative Auswertung von Widerstandsmessungen stößt allerdings auf erhebliche Schwierigkeiten, weil die Porosität des Karbonats im allgemeinen sehr gering ist. Wegen der dadurch bedingten großen Formationsfaktoren und weil andererseits die Bohrlöcher sehr oft ausgesalzene, extrem gut leitende Spülungen enthalten, entstehen an der Bohrlochwand „Widerstandskontraste" (d. i. das Verhältnis des spezifischen Gesteinswiderstandes zum spezifischen Widerstand der Spülung) der Größenordnungen 100 bis unendlich. Das Verhalten sog. konventioneller Widerstandskurven nähert sich dabei schon sehr stark dem in nichtleitenden Gesteinen beobachteten (LEHNERT 1960). Den Messungen kann recht genau die Lage mehr oder weniger gut leitender (poröser) Zonen entnommen werden; eine quantitative Bestimmung des spezifischen Widerstandes und der aus diesem abzuleitenden Größen Formationsfaktor und Nutzporosität ist aber nahezu ausgeschlossen. Abb. 1 zeigt ein Beispiel hierfür; das aus den Widerstandskurven abgeleitete Porositätsprofil ist zwar dem an Bohrkernen gemessenen Porositätsprofil äußerst ähnlich, entbehrt aber einer Porositätsskala, d. h. ist nur qualitativer Natur. Wesentlich bessere Ergebnisse wurden in jüngster Zeit mittels sehr kurzer symmetrischer Gradientsonden (sog. Limestonesonden) erhalten. Die Methoden zur Auswertung neutronenphysikalischer Messungen sind unten ausführlich beschrieben.

Die dritte Aufgabe, d. i. die Abschätzung der Wassersättigung, kann mittels fokussierter Widerstandsmessungen großer Eindringtiefe gelöst werden, wenn Porosität bzw. Formationsfaktor im untersuchten Intervall bekannt sind. Die Lösung der zweiten ist also Voraussetzung für die Lösbarkeit der dritten Aufgabe.

Charakteristik der n—γ-Kurve

An neutronenphysikalischen Bohrlochmeßverfahren stand bis vor kurzem ausschließlich die n—γ-Messung zur Verfügung, die vorliegende Darstellung bleibt daher auf diese beschränkt.

Die oft vertretene Ansicht, die n—γ-Kurve spiegele die Porosität des Gesteins wider, muß als irreführend abgelehnt werden. Es genügt der Hinweis, daß größte Amplituden der Kurve im Steinsalz, kleinste dagegen in Gips sowie manchen Tonen erhalten werden. Diese Gesteine haben sämtlich keine (Nutz-)Porosität. Vielmehr liefert die n—γ-Messung in herkömmlicher Form ein recht komplexes Bild der Fähigkeit aller die Sonde umgebenden Medien, schnelle Neutronen zu verlangsamen (vgl. STEINBRECHER 1963) und langsame unter Gammastrahlenemission einzufangen. In diesen Effekten dominieren Elemente mit extremen Verhaltenseigenschaften gegenüber Neutronen, insbesondere Wasserstoff und Chlor. Da Wasserstoff Neutronen stark bremst, Chlor dagegen langsame Neutronen leicht unter Aussendung intensiver Gammastrahlung einfängt, wirken zunehmender H-Gehalt verringernd, zunehmender Cl-Gehalt vergrößernd auf die gemessene Amplitude. Die Art der chemischen oder physikalischen Bindung ist ohne Einfluß.

Es resultieren daraus die folgenden Anwendungsmöglichkeiten der n—γ-Messung:

1. Erkennung bestimmter (besonders monomineralischer) Gesteine wie Gips, Anhydrit, Steinsalz, manche Erze;
2. Unterscheidung von Gesteinen verschiedener Porosität, sofern deren Gesteinsskelette etwa gleiches Verhalten gegenüber Neutronen zeigen und die Poren im Bereich der Eindringtiefe der Messung Flüssigkeit etwa gleichen Cl-Gehaltes enthalten;
3. Unterscheidung salzwasserführender von ölführenden Gesteinen infolge der im Wasser enthaltenen Cl-Ionen.

Dazu kommen weitere Anwendungen von beschränkter Bedeutung. Alle diese „Verfahren" müssen mehr oder weniger qualitativ gehandhabt werden, da es nicht immer gelingt, den interessierenden Effekt von der Vielzahl der Störeinflüsse (Bohrlochdurchmesser; Exzentri-

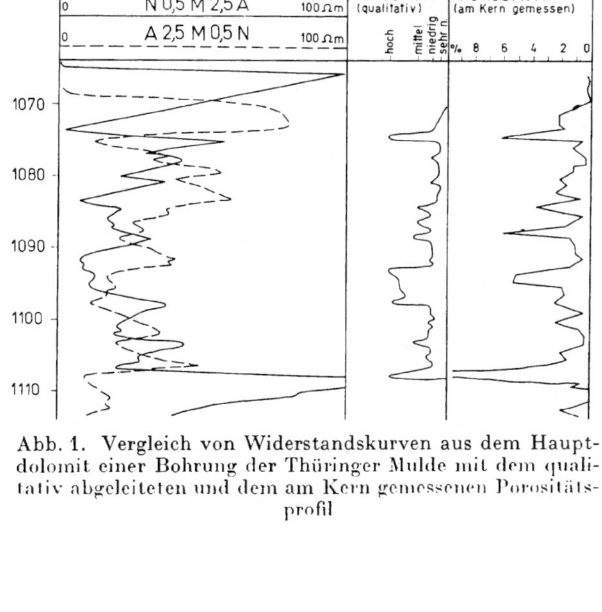

Abb. 1. Vergleich von Widerstandskurven aus dem Hauptdolomit einer Bohrung der Thüringer Mulde mit dem qualitativ abgeleiteten und dem am Kern gemessenen Porositätsprofil

---

[1]) Eingang des Manuskripts in der Redaktion: 12. 10. 1962

zität der Sonde im Bohrloch; Spülungsbeschaffenheit; Gehalt des Gesteins an Ton, Kristallwasser, neutronenaktiven Spurenelementen; Infiltrationstiefe; Beschaffenheit der verwendeten Sonde usw.) zu trennen. Wie sowjetische Autoren (KUCHARENKO 1960, GULIN 1959) neuerdings betonen, ist daher auch die quantitative Bestimmung der Porosität aus n—γ-Meßwerten eine Idee geblieben, deren völlig befriedigende Verwirklichung nur in Ausnahmefällen gelingt. Infolgedessen wurde die n—γ-Messung im Ausland ziemlich weitgehend durch das Akustiklog und die Neutron—Neutron-Messung abgelöst, die gegenüber naturbedingten Störeinflüssen weniger anfällig sind. Die herkömmliche n—γ-Messung muß als überholt betrachtet werden. In der DDR wird sie in z. T. abgewandelter Form für Sonderaufgaben beibehalten, während im Hauptkarbonat die Neutron—Neutron-Messung an ihre Stelle tritt.

Komponenten des Neutron—Gamma-Meßwertes

Das Ergebnis der n—γ-Messung ist eine Zählrate, die, mit endlicher Zeitkonstante integriert, als teufenabhängige, in „Impulsen/Minute" = cpm geeichteKurve aufgezeichnet wird. An jedem Punkt des Bohrloches besteht die Zählrate $I_{n\gamma}$ aus folgenden Komponenten:

1. I_n — natürliche Gammastrahlung des Gesteins
2. I_x — beim Neutroneneinfang emittierte Gammastrahlung
   a) aus dem Gesteinsskelett
   b) aus der Porenflüssigkeit
   c) aus der Spülung
   d) aus dem Filterkuchen
3. I_e — Eigenstrahlung der Sonde (besonders der Zählrohrkathoden)
4. I_d — „direkte Strahlung" der Neutronenquelle, d. i.
   a) Gammastrahlung der Neutronenquelle
   b) Gammastrahlung durch Neutroneneinfang im Gerät

Die Größen dieser Komponenten hängen u. a. auch von der Streuung und Absorption der Gammastrahlen im Gebirge, der Spülung, dem Sondenkörper usw. ab. Wegen Totzeit- und Koinzidenzeffekten ist die Gesamtwirkung der Komponenten etwas kleiner als ihre Summe, wovon wir jedoch im weiteren absehen. Infolge der statistischen Fluktuation der Impulsfolge ist der Meßwert günstigenfalls innerhalb eines Fehlerbereichs von $\pm 2\%$ bestimmbar. Die Komponenten 3 und 4 können mit hinreichender Genauigkeit über Tage, die Komponente 1 aus einer Gammamessung bestimmt und vom Meßwert subtrahiert werden, so daß die Komponente 2 übrigbleibt.

Eichung (Etalonierung) der n—γ-Kurve

Bei anderen geophysikalischen Untersuchungen läßt sich das registrierte Signal zwanglos in der Dimension des gemessenen Parameters eichen. Neutronmessungen könnten entsprechend z. B. in „barn" geeicht werden, da sie den (scheinbaren) integralen Brems- und Einfangquerschnitt des die Sonde umgebenden Mediums für Neutronen widerspiegeln. Eine solche Eichung wäre unanschaulich und für den Sonderfall der n—γ-Messung besonders unzweckmäßig. Andererseits ist eine cpm-Skala höchstens für die Berechnung des Einflusses der statistischen Fluktuation, die ja von der Impulszahl abhängt, von Interesse. Sonst könnte die Kurve ebensogut mit einer mV-, cm- oder Zollskala versehen werden. Jede derartige Skala ist jedoch nicht übertragbar, d. h. nur für eine Messung gültig. Dieselbe Strecke, zu einem anderen Zeitpunkt vermessen, kann bei ähnlicher Kurvenkonfiguration ganz andere Amplituden liefern, sofern nicht mit genau der gleichen Apparatur, Neutronenquelle usw. gearbeitet wird. Da im Feldbetrieb Veränderungen der Apparatur, Zählrohrausfälle usw. unvermeidlich sind und vor allem die Neutronenquelle altert, muß jede Messung einer geräteunabhängigen Eichung (Etalonierung) unterzogen werden. Mit verschiedenen Apparaturen und Neutronenquellen werden dann vergleichbare Kurven erzielt, d. h., bei gleicher Empfindlichkeitswahl können die Kurven innerhalb der fluktuationsbedingten Fehler zur Deckung gebracht oder „aneinandergehängt" werden. Auswerteverfahren sind dann nicht nur qualitativ, sondern auch quantitativ möglich, und schließlich werden Fehler in der Apparatur leichter erkannt.

Verfahren der Etalonierung

Jede Etalonierung läuft auf eine Vergleichsmessung an einem Bezugsmedium, dem „Etalon", hinaus. Der dabei erhaltene Meßwert muß reproduzierbar sein und bildet die Einheit der n—γ-Amplitude[2]). Werden alle in einem Erkundungsgebiet durchgeführten Neutronmessungen auf das gleiche Etalon bezogen, so sind sie untereinander vergleichbar, wenn nicht mit grundverschiedenen Apparaturtypen gearbeitet wird. Als solche Etalons können verschiedene Medien und Vorrichtungen dienen:

1. Bezugshorizonte. Die Vorstufe des Etalons ist ein über größere Gebiete aushaltender Bezugshorizont. Dazu sind Anhydrite, Gips und kavernenbildende Tone geeignet. Die an den übrigen Schichten gemessenen n—γ-Amplituden werden durch Division durch die am Bezugshorizont auftretende Amplitude auf diese „bezogen". Unter den Mängeln dieses Verfahrens dominiert die Schwierigkeit, geeignete Bezugshorizonte überhaupt zu finden.

2. Ortsveränderliche Etalons. Hier kommen mit Paraffin, Öl oder Wasser gefüllte Hohlzylinder oder größere Wassertonnen in Frage, in die die Meßsonde zur Aufnahme des Etalonwerts eingebracht wird. Man geht dabei von der Vorstellung aus, der Etalonwert müsse ein Minimalwert sein, der hundertprozentiger Porosität entspricht, so daß alle im Bohrloch registrierten Werte Vielfache des Etalonwerts sind[3]). Wird mit großen Wasserbehältern gearbeitet, die nicht ohne weiteres mit zur Bohranlage genommen werden können, so kann der Etalonwert reproduziert werden, indem ein Gammastrahler in solchen Abstand vom Detektor gebracht wird, daß die registrierte Gammaintensität die gleiche wie im Wasserbehälter ist. Eine Vorrichtung mit dem in der gefundenen Lage fixierten Gammapräparat dient auf der Bohranlage als Ersatzetalon zum Nacheichen der Sonde.

Mit einem Süßwasserbehälter arbeitet auch das in der DDR eingeführte Verfahren nach SAPOROSHEZ & SULIN (1957).

3. Bohrlochmodelle. Die in den USA konkurrierenden Bohrlochmeßfirmen verwendeten sämtlich verschiedene Neutron—Gamma-Einheiten. Wegen verschiedener Nullpunktdefinition und Nichtlinearität der Apparaturen konnten nicht einmal Umrechnungsfaktoren benutzt werden. Um dieses Durcheinander auszuschalten, führte man die „API-Standard-Einheit" ein. Diese ist definiert als die Amplitude

[2]) Man befindet sich in ähnlicher Lage wie ein Arbeiter, der zum Vergleich des Umfanges von Baumstämmen nur ein dünnes PVC-Band hat. Da er absolute Messungen nicht durchführen kann und das Band auch seine Länge dauernd etwas ändert, wird er sich ein „Etalon" wählen (z. B. den dünnsten Stamm) und sein Band daran vor jeder Messung eichen. So kann er die gemessenen Umfänge wenigstens als Vielfache des Etalon-Umfangs ausdrücken, was für den Zweck seiner Arbeit genügen soll.

[3]) Obwohl größere Etalonwerte, die ein Mittel der im Bohrloch registrierten Strahlungsintensitäten darstellen, wegen geringerer statistischer Fluktuation und geringeren Eingehens der oben erklärten Additivkomponenten I_e und I_d viel zweckmäßiger sind, werden solche Etalons bis jetzt nur von einer Firma verwendet (Kunststoffzylinder der PGAC zur Etalonierung ihrer Neutron—Neutron-Messungen).

der Neutronkurve, die in einem Schichtmodell innerhalb eines bestimmten Kalksteines von 19,5% Porosität erhalten wird. Weitere Schichten verschiedener Porosität gestatten die Aufnahme einer Eichkurve für jedes Gerät (BELKNAP 1959). Diese gilt jedoch streng nur für Gesteine, deren Mineralbestand und Schichtwassermineralisation mit denen des Bohrlochmodells identisch sind. Bohrlochmodelle dienen sonst vorwiegend der Ermittlung von Korrekturfaktoren für verschiedene Bohrlochdurchmesser, Spülungszusammensetzungen usw. Auch in der DDR wurde ein Bohrlochmodell für diese Zwecke errichtet, das ebensogut zur Etalonierung geeignet ist.

Verfahren von Saporoshez & Sulin

Für die im Bohrloch registrierte Strahlungsintensität gilt[4]:

$I_{n\gamma} = I_x + I_d + I_e + I_n$ (cpm).

Als Etalonwert („Normaleinheit" NE) wird die in einem süßwassergefüllten großen Behälter gemessene, von Störeinflüssen freie n—γ-Intensität I_w benutzt. I_w ist ein reproduzierbarer Sonderfall von I_x, so daß I_x als ein Vielfaches von I_w ausgedrückt werden kann. I_w ist nicht durch eine einzige Messung zu ermitteln, vielmehr sind vier Messungen erforderlich (zur Symbolik vgl. die Zusammenstellung am Schluß):

1. I_{mw} — Meßwert *m*it Neutronenquelle im *W*asser. I_{mw} setzt sich (annähernd) wie folgt zusammen:
   $I_{mw} = I_d + I_e + I_w + I_{kw}$
2. I_{ow} — Meßwert *o*hne Quelle im *W*asser. Hierfür gilt
   $I_{ow} = I_e + I_{kw}$
3. I_{ml} — Meßwert *m*it Quelle bei frei in *L*uft hängender Sonde. $I_{ml} = I_d + I_e + I_{kl}$
4. I_{ol} — Meßwert *o*hne Quelle in *L*uft.

Daraus ist I_w bestimmbar zu

$$I_w = (I_{mw} - I_{ow}) - (I_{ml} - I_{ol}) = 1 \text{ NE}$$

Zur Vereinfachung der zeitraubenden sowie strahlungsgefährlichen Prozedur wird in der DDR nach Vorschlag von BULATKIN u. a. der Wert $I_d = (I_{ml} - I_{ol})$ experimentell aufgestellten Diagrammen entnommen, wo er als Funktion der Aktivität A der Neutronenquelle dargestellt ist (Abb. 2). Die Etalonierung wird damit auch in oder an Gebäuden möglich, wo wegen n—γ-Effekten an Mauern usw. der Wert I_{ml} nur verfälscht meßbar wäre. Außerdem fällt die Strahlungsgefährdung bei der I_{ml}-Messung weg.

Die Nullinie der n—γ-Kurve

Die Definition einer Nullinie, auf die jeder zur quantitativen Auswertung herangezogene n—γ-Meßwert bezogen ist, erscheint im Hinblick auf das in den oberen Abschnitten Dargelegte problematisch. Eindeutig ist zunächst die gerätebedingte Nullinie (Galvanometer-Null) definiert, sie entspricht der Zählrate 0 cpm. Bedeutungsvoller für den Interpretator ist hingegen die Nullinie der I_x-Komponente. Die Etalonierung gestattet es, den Strahlungsanteil I_x in „Normaleinheiten" auszudrücken:

$$I_x(\text{NE}) = k' \cdot I_w$$

k' gibt an, um wievielmal die sekundäre Gammastrahlung I_x im Bohrloch größer ist als im Süßwasser. Letzteres entspricht einem Gestein, das mit S ü ß w a s s e r oder Öl gesättigt und 100%ig porös ist. Die k'-Bestimmung setzt voraus, daß aus $I_{n\gamma}$ durch Subtraktion von $(I_d + I_e + I_n)$ wirklich I_x ermittelt wurde. Da die Kurve aber mit einer bei Galvanometer-Null beginnenden NE-Skala versehen sein wird, würde dies erfordern, daß von jedem abgelesenen $I_{n\gamma}$-(NE)-Wert noch $(I_d + I_e + I_n)/I_w$ subtrahiert werden muß. Wir gehen zunächst den einfacheren Weg, diese Subtraktion zu unterlassen. Für den abgelesenen $I_{n\gamma}$-Wert gilt daher

$$I_{n\gamma}(\text{NE}) = k \cdot I_w$$

oder

$$k = (I_x + I_d + I_e + I_n)/I_w$$

wobei $k < k'$. Die wichtigsten erkundeten Gesteine, nämlich Karbonate mit Anhydrit und Steinsalz als Nachbarschichten, senden durchweg sehr schwache natürliche Gammastrahlung aus. I_n ist um mindestens eine Größenordnung kleiner als I_x und variiert auch recht wenig; Ausnahmen stellen nur die sog. Muschel- und Algenzonen des Hauptdolomits dar, die deswegen einen größeren Bearbeitungsaufwand erfordern. I_d und I_e können in erster Näherung als konstant angesehen werden und sind ebenfalls klein gegen I_x. Ohne die daraus folgenden Konsequenzen ausführlich zu erläutern, sei daher festgestellt, daß es für praktische Zwecke z u n ä c h s t ausreichend erschien, den Kurven die Werte $I_{n\gamma}$(NE) statt I_x(NE) zu entnehmen, also k statt k' abzulesen. Die dabei entstehenden Fehler werden als allen Messungen gleich stark überlagerte Additivkonstante betrachtet.

Auswertung von n—γ-Messungen

Die wichtigste Anwendung der n—γ-Messung ist in der DDR die Bestimmung der Lithologie und der Porosität des Hauptdolomits und seiner Äquivalente. Die dabei verwendeten und im folgenden beschriebenen Verfahren bedürfen z. T. der Verbesserung, auch läßt die technische Qualität der Meßergebnisse gelegentlich zu wünschen übrig.

a) P o r o s i t ä t s b e s t i m m u n g

Die einfachste Methode der Porositätsbestimmung aus n—γ-Werten besteht darin, daß man, unter Voraussetzung eines logarithmischen Zusammenhanges der Form

$$I_{n\gamma} = B + D \cdot \log p$$

oder

$$\log I_{n\gamma} = E + G \cdot p$$

zwischen n—γ-Amplitude und Porosität, durch mindestens zwei b e k a n n t e p-Werte und zugehörige n—γ-Amplituden die Konstanten B, D bzw. E, G festlegt. Unbekannte Porositäten können dann aus entsprechenden $I_{n\gamma}$-Werten ermittelt werden. Gewöhnlich hat

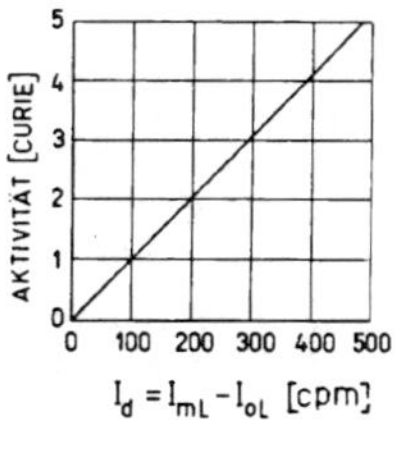

Abb. 2. I_d als Funktion der Aktivität der Po—Be-Neutronenquelle für Sonden der Typen NGGK-55 und -57

[4]) Strenggenommen handelt es sich bei allen mit I und entsprechenden Indizes bezeichneten Größen nicht um Intensitäten, sondern um Zählraten. Die Relation zwischen Intensitäten und Zählraten ist durch die Konstanten des Strahlendetektors und die Energiespektren der Strahlungsanteile gegeben.

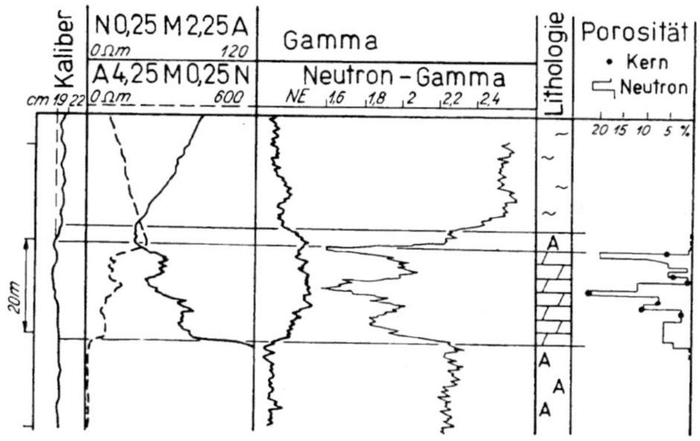

Abb. 3. Bohrlochmessungen und Porositätsprofile aus dem Hauptkarbonat des Ölfeldes Reinkenhagen (kernphysikalische Messungen im verrohrten Bohrloch aufgenommen; L = 0,5 m für Neutron—Gamma)

man mehrere bekannte Porositätswerte, an denen die n—γ-Kurve „geeicht" wird. Eine „Etalonierung" ist dazu nicht unbedingt erforderlich. Das von BECKER (1959) beschriebene Verfahren ist mit Mängeln behaftet, da z. B. schon bei kleinen Tongehalten die B, D bzw. E, G variieren, was zu erheblichen Fehlern in der Porositätsbestimmung führt. Eine erfolgreiche Anwendung aus der neueren Zeit illustriert Abb. 3; der Zusammenhang zwischen p und $I_{n\gamma}$ ist hier recht streng, da der untersuchte Hauptdolomit nur wenig störende Beimengungen enthält. Wo Ton oder Anreicherungen neutronenaktiver Spurenelemente auftreten, hat die Funktion $p = f(I_{n\gamma})$ nicht die einfache, obenangegebene Form, vielmehr kommt mindestens eine dritte Variable hinzu. Eine solche Funktion kann als Kurvenschar dargestellt werden, wobei jede Kurve einem bestimmten Wert der dritten Variablen entspricht. Abb. 4 zeigt ein entsprechendes Diagramm, das die Nutzporosität aus der auf Anhydrit bezogenen n—γ-Amplitude zu ermitteln gestattet. Dabei ist die auf den Nulleffekt bezogene oder in μr/h abgelesene Gammastrahlungsintensität als Maß für Ton- und Spurenelementgehalt die dritte Variable. Dieses Diagramm wurde versuchsweise auf empirisch-statistischem Wege für den Hauptdolomit der Thüringer Mulde entwickelt und liefert naturgemäß nur Näherungswerte der Porosität. Es ist gleichzeitig ein Beispiel für die obenerwähnte Verwendung von Bezugshorizonten als Etalon der n—γ-Kurve. Abb. 5 demonstriert die Anwendung: Zwischen der n—γ-Kurve und der Porosität ist nur eine lockere Korrelation erkennbar, doch nach Korrektur mittels des Diagramms der Abb. 4 gelang die fast genaue Porositätsbestimmung. Die Abb. zeigt aber auch die Schwierigkeit, denn reiner Anhydrit tritt nicht auf, so daß dichter, stark anhydritischer Dolomit als Bezugshorizont dienen mußte. Welcher Art die störenden, hohe Porositäten vortäuschenden Beimengungen sind, wird gegenwärtig ermittelt. Die elektrische Leitfähigkeit der „Muschelzone" des Hauptdolomits in Abb. 5 (ca. 1062 m Teufe) deutet auf Tongehalt. Durch chemische Analysen sind in den Muschelzonen Anreicherungen nichtkarbonatischen sedimentären Materials bis zu 55% ermittelt worden. Gammaspektrometrisch wurde neben Vertretern der U- und Th-Zerfallsreihen auch K-40 nachgewiesen. Außerdem sind aus den fossilreichen Algen- und Muschelzonen Spurenelementanreicherungen bekannt. Eine quantitative Bestimmung wird sicher auch erhöhte Gehalte von Li, Mn, Co, Cd, Cs, Bi und Seltenen Erden nachweisen, die infolge ihrer extremen Neutroneneigenschaften das Niveau der n—γ-Kurve verändern können. Die Verwendbarkeit der natürlichen Gammastrahlung als Maß für den Gehalt an störenden Komponenten im Gestein erscheint jedenfalls als gesichert, wenn auch die Art der Zusammenhänge noch der endgültigen Klärung harrt.

Gelegentlich auftretende größere Fehler der Porositätsbestimmung mittels des in Abb. 4 wiedergegebenen Diagramms lassen sich wesentlich reduzieren, wenn einige wenige am Bohrkern gemessene Porositätswerte bekannt sind. Die damit gegebene zusätzliche „Eichung" der n—γ-Kurve erlaubt unter Hinzuziehung des Diagramms die Porositätsbestimmung auch im übrigen, evtl. nichtgekernten Dolomit.

b) Bestimmung der Lithologie

Die „Etalonierung" der n—γ-Kurven wie auch die Eichung der Gammakurven in Mikroröntgen/h wurden erst 1961 eingeführt. Die Verarbeitung dieses qualitativ verbesserten Materials ist daher noch nicht abgeschlossen. Eine „absolute" Porositätsbestimmung, wie sie z. B. — wenigstens als Gedanke — der SCHLUMBERGER-Tafel C17/C18 (SCHLUMBERGER 1958) zugrunde liegt, ist damit möglich. Sie erfordert die Aufstellung eines Diagramms ähnlich Abb. 4 mit absoluten anstelle relativer n—γ-Werte als Abszissen. Statt dessen wurden den vorliegenden etalonierten n—γ-Kurven charakteristische Punkte bei bekannter Lithologie entnommen und für bestimmte Spülungswiderstände als Funktion des Bohrlochdurchmessers dargestellt. Dabei bilden die monomineralischen Gesteine Steinsalz, Anhydrit und Gips in sich abgeschlossene Bereiche. Dem Steinsalz kommen die höchsten, dem Gips die niedrigsten n—γ-Werte zu, dazwischen liegen, nach abnehmenden Amplituden geordnet, Anhydrit, Karbonat-Anhydrit-Gemische und dichte Karbonate, mäßig poröse Karbonate, poröse und tonhaltige Karbonate sowie Sandsteine und schließlich Tone. Mit zunehmendem Bohrlochdurchmesser nähern sich alle Meßwerte einer Asymptote, die dem Wert $I_{n\gamma} = I_w + I_d + I_e$ entspricht, der in reiner Spülung entsprechenden Salzgehaltes gemessen werden würde (experimentell für

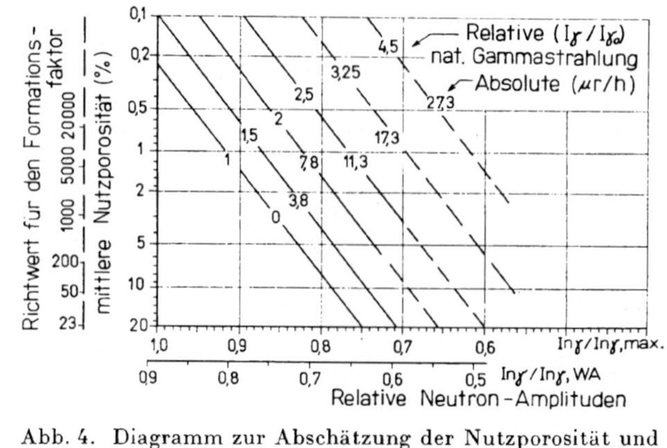

Abb. 4. Diagramm zur Abschätzung der Nutzporosität und des Formationsfaktors des Hauptkarbonats der Thüringer Mulde

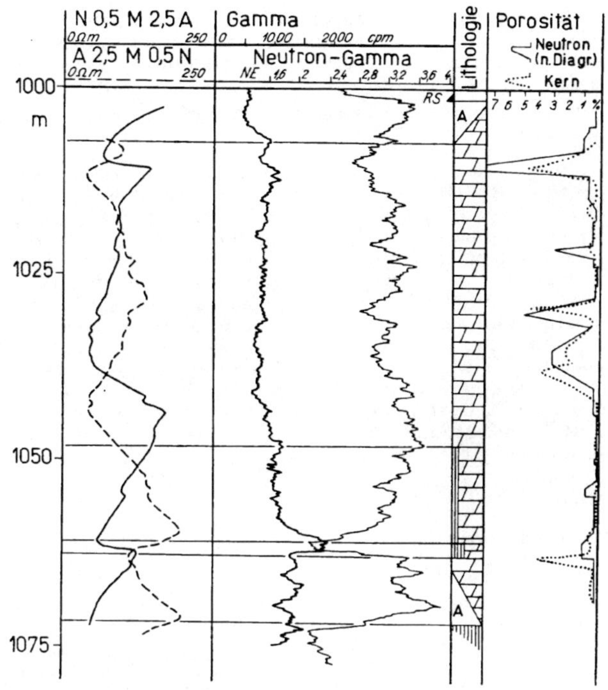

Abb. 5. Bohrlochmessungen und Porositätsprofile aus dem Hauptdolomit einer Bohrung der Thüringer Mulde

$C=0: I_{n\gamma} \approx 1{,}07$ NE, $C = 140: I_{n\gamma} \approx 1{,}7$ NE ermittelt). Eine derartige Darstellung zeigt Abb. 6 für den häufig vorkommenden Fall des mit Salzspülung gefüllten Bohrlochs. Damit gelingt bei bekanntem Bohrlochdurchmesser die eindeutige lithologische Bestimmung unbekannter Gesteine, in manchen Fällen auch schon eine Porositätsabschätzung. Ein Gestein, das beim Bohrlochdurchmesser 190 mm 3,1 NE liefert (Salzspülung, unverrohrtes Bohrloch) muß daher Anhydrit sein. Eine unter gleichen Verhältnissen registrierte n—γ-Amplitude von 2,5 NE würde dagegen durch dichten, wahrscheinlich anhydritreichen Dolomit verursacht sein usw. Ähnliche Diagramme werden auch für andere Spülungstypen zusammengestellt und laufend präzisiert, wozu auch das schon erwähnte Bohrlochmodell eingesetzt werden soll. Ziel der Arbeiten ist neben der Gewinnung möglichst exakter mineralogisch-lithologischer Angaben aus der n—γ-Kurve auch hier die quantitative Bestimmung der Gesteinsporosität mit anschließender Abschätzung des Formationsfaktors.

Schlußfolgerungen

In Anbetracht der wirtschaftlichen Bedeutung der Öl- und Gasproduktion aus dem Zechstein-Hauptkarbonat werden seit 1961 Interpretationsmethoden für Bohrlochvermessungen dieses Gesteins erarbeitet. Die n—γ-Methode erwies sich als prinzipiell zur Porositätsbestimmung geeignet. Normalerweise ist eine Korrektur für störende, zu hohe Porositäten vortäuschende Mineralkomponenten erforderlich. Die vorgelegten Interpretationsverfahren gestatten in jedem Falle die praktisch eindeutige Festlegung der Lithologie, in den speicherfähigen Zonen auch die Porositätsabschätzung. Eine exakte Porositätsbestimmung, etwa mit einem Maximalfehler $\pm 20\%$, ist jedoch noch auf Ausnahmen beschränkt. Ob diese Genauigkeit überhaupt mit der vorhandenen Methodik erreichbar ist, erscheint zweifelhaft, da sich eine Reihe das Meßergebnis beeinflussender Variabler kaum ermitteln lassen. Um maximale Genauigkeiten zu erreichen, müssen noch Untersuchungen der störenden, die n—γ-Amplituden verringernden Gesteinsbeimengungen erfolgen. Mit der Aufnahme der Gammastrahlungsspektren charakteristischer Ausbildungsformen des Hauptkarbonats wurde begonnen.

Verzeichnis der Abkürzungen

A — Aktivität einer Po—Be-Neutronenquelle (Curie)
B D E G — Konstanten
C — Salzgehalt der Bohrspülung (g NaCl/Liter)
I_d — Zählrate, die durch n—γ-Effekte innerhalb der Bohrlochmeßsonde entsteht (cpm, ebenso alle folgenden Zählraten)
I_e — Zählrate, die durch Eigenstrahlung (radioaktive Verseuchung) der Bohrlochmeßsonde bedingt ist, d. i. der sog. Nulleffekt
I_{kl} — Zählrate, die dem kosmischen und terrestrischen Gammapegel entspricht, wenn die Sonde in der Luft hängt
I_{kW} — Zählrate, die dem kosmischen und terrestrischen Gammapegel entspricht, wenn die Sonde in Süßwasser hängt
I_L — $= (I_{mL} - I_{oL})$
I_{mL} — Zählrate mit Neutronenquelle in Luft
I_{mW} — Zählrate mit Neutronenquelle in Wasser
I_n — Zählrate, die der bei der n—γ-Messung mit eingehenden natürlichen Radioaktivität der die Sonde umgebenden Medien entspricht
$I_{n\gamma}$ — Amplitude der n—γ-Kurve, bezogen auf Galvanometer-Null (cpm)
I_{oL} — Zählrate ohne Neutronenquelle in Luft
I_{oW} — Zählrate ohne Neutronenquelle in Wasser
I_w — Zählrate, die durch Einfangstrahlung in Süßwasser bedingt ist (nach Subtraktion aller Störeinflüsse)
I_x — Zählrate, die durch Einfangstrahlung in Gebirge, Bohrspülung, Filterkuchen bedingt ist (nach Subtraktion aller Störeinflüsse)
k — relative n—γ-Amplitude $I_{n\gamma}/I_w$ (NE)
k' — relative n—γ-Amplitude I_x/I_w (NE)
L — Abstand zwischen Neutronenquelle und Detektor (cm)
NE — Normaleinheit. Zahlenmäßig gleich I_w (cpm)
p — Gesteinsporosität (dimensionslos)
R_m — spezifischer Spülungswiderstand (Ωm)

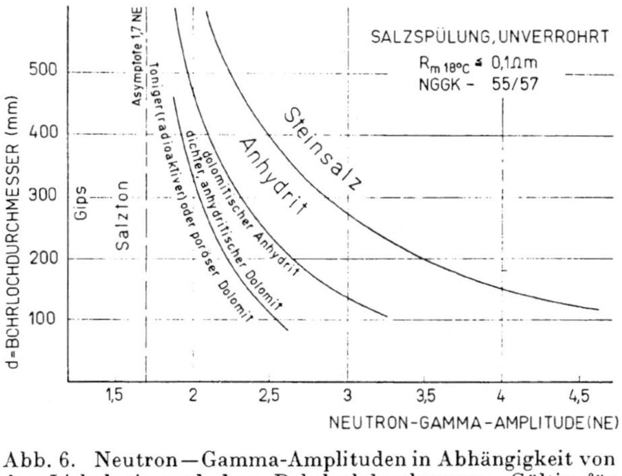

Abb. 6. Neutron—Gamma-Amplituden in Abhängigkeit von der Lithologie und dem Bohrlochdurchmesser. Gültig für Salzspülung, Sondentyp NGGK-55 und -57, Po—Be-Quellen von ca. 2 Curie, L = 0,6m; unverrohrtes Bohrloch

Die wichtigste Aufgabe, nämlich die Bestimmung der Kohlenwasserstoffsättigung des Hauptkarbonats aus Bohrlochmessungen, wird erst in Angriff genommen werden können, wenn die Porosität (bzw. der Formationsfaktor) mit maximaler Genauigkeit ermittelt werden kann. Für die Zukunft stellt die Kombination der Neutron—Neutron-Messung mit der fokussierten Widerstandsmessung vom Laterologtyp den nächstliegenden Weg dar, auf dem man von geophysikalischer Seite zu einer allseitig befriedigenden Hauptkarbonatinterpretation kommen kann.

Zusammenfassung

Mit der Auffindung neuer Öl- und Gaslagerstätten im Zechstein-Hauptkarbonat gewinnt die geophysikalische Untersuchung dieser Gesteine in situ immer größeres Interesse. Die bestehenden Aufgaben, nämlich Bestimmung von Lithologie, Porosität und Poreninhalt durch Bohrlochmessungen, sind bis jetzt nur teilweise lösbar, da die geologische und bohrtechnische Situation in den Hauptdolomitbohrungen im allgemeinen denkbar ungünstig ist. In der vorliegenden Arbeit werden allgemeine Betrachtungen über den Einsatz von Neutron—Gamma-Messungen für diese Aufgaben dargelegt sowie Beispiele für ihre erfolgreiche Anwendung zur exakten Ermittlung der Lithologie und zahlenmäßigen Bestimmung der Porosität der interessierenden Horizonte vorgeführt.

Резюме

После открытия новых нефтяных и газовых залежей в главном карбонате цехштейна геофизическое исследование этих отложений получает все возрастающий интерес. Стоящие перед геофизиками задачи, т. е. определение литологического состава и пористости и выяснение природы насыщающей поровое пространство жидкости, до настоящего времени решаются только частично, что связано с большими геологическими и техническими трудностями, которые возникают при вскрытии главного карбоната цехштейна в скважинах. В данной работе рассматривается применение НГМ для решения выше перечисленных задач; приводятся примеры успешного применения этого метода для определения литологического состава и пористости интересующих отложений.

Summary

With the location of new petroleum and natural gas deposits in the German Zechstein main carbonate the geophysical in-situ investigation of this rock requires growing interest. Problems arising in this connection include the determination of the lithology, porosity and pore fluid by means of borehole surveys and can only be solved in part at present, because the situation in the main carbonate boreholes is rather unfavourable from both a geological and technical point of view. The present paper shows some general considerations on the application of neutron—gamma logs to the problems described, and presents some examples illustrating their successful application to the exact determination of the lithology and numerical calculation of the porosity of interesting horizons.

Literatur

BECKER, A.: Geophysikalische Bohrlochmessungen im Zechstein-Hauptdolomit. — Z. angew. Geol., 5, 10, 445—450 (1959).
BELKNAP, W. B.: Standardization and Calibration of Nuclear Logs. — Petr. Eng., 31, S. B-24 (1959).
GULIN, J. A.: Einfluß der Meßbedingungen bei der Berechnung der Gesteinsporosität aus Neutron—Gamma-Meßwerten (russ.). — Jadernaja geofisika, S. 201—221, Moskau 1959.
KUCHARENKO, N. K.: Die Rolle geräte- und bohrlochbedingter Faktoren bei der Porositätsbestimmung von Gesteinen aus Neutron—Gamma-Meßwerten (russ.). — Jadernaja geofisika, S. 94—104, Moskau 1960.
LEHNERT, K.: Einige Besonderheiten konventioneller elektrischer Bohrlochmeßkurven in „hartem" Gebirge. — Z. angew. Geol., 6, 5, 207—210 (1960).
— On some Problems and Interpretation of Neutron—Gamma Logs in the German Democratic Republic. — Nuclear Geophysics Conference, Kraków 1962.
SAPOROSHEZ, W. M. & W. M. SULIN: Eichung von Gamma—und Neutron—Gamma-Meßkurven (russ.). — Raswed. i prom. geof., 17, 73—78 (1957).
STEINBRECHER, D.: Über die Möglichkeiten einer Porositätsbestimmung des Zechstein-Hauptkarbonats mit Hilfe neutronenphysikalischer Methoden. — Z. angew. Geol., 9, H. 6, S. 316, (1963).
Schlumberger Well Surveying Co. Log Interpretation Charts. — Houston 1958.
Instruktion zur Durchführung von Gamma- und Neutron-Gamma-Messungen (Innerbetriebl. Arbeitsvorschrift im VEB Bohrlochmessungen, Gommern).
PGAC Nuclear Well Logging. Porosity Evaluation Charts for the PH-125 Neutron—Neutron Log. Houston, o. J.

Über die Möglichkeiten einer Porositätsbestimmung des Zechstein-Hauptkarbonats mit Hilfe neutronenphysikalischer Methoden[1])

DIETER STEINBRECHER, Gommern

Einleitung

Die geophysikalische Untersuchung des Zechstein-Hauptkarbonats in den Erdöl- und Erdgasbohrungen der DDR hat im wesentlichen folgende Aufgaben zu lösen:

1. Ausgliederung poröser bzw. permeabler Intervalle aus dem Profil des Hauptkarbonats.
2. Quantitative Bestimmung der Porosität dieser Intervalle.
3. Unterscheidung wasserführender Zonen von gas- bzw. ölführenden Zonen; evtl. auch Festlegung des Öl-Wasser- bzw. des Gas-Wasser-Kontaktes.

Komplizierte geologische und oftmals technische Bedingungen sind der Grund dafür, daß es im Augenblick nicht möglich ist, weder ein optimales Bohrlochmeßprogramm noch eine völlig befriedigende Interpretationsmethode anzugeben, mit deren Hilfe die gestellten Aufgaben gelöst werden könnten. Eine Analyse der Tauglichkeit verschiedener geophysikalischer Meßmethoden zur Lösung der obenangeführten Aufgaben wurde von BECKER (1959) gegeben. BECKER verwies dabei auf die besondere Rolle des Neutron-Gamma-Logs. Dieses gab als einziges der bis 1961 angewendeten Meßverfahren quantitative Angaben über die Porosität des Hauptkarbonats. Die prinzipielle Möglichkeit einer quantitativen Porositätsbestimmung mit Hilfe des Neutron-Gamma-Logs wird z. B. durch die auf Abb. 1 wiedergegebenen Kurven bewiesen. Die dargestellten Kurven lassen eine relativ klare Abhängigkeit der im Bohrloch gemessenen sekundären Gammaintensität von der Porosität erkennen. Neutronenphysikalische Meßverfahren (Neutron-Gamma-Log und Neutron-Neutron-Log) sind in der Lage, sämtliche drei obengestellten

[1]) Eingang des Manuskripts in der Redaktion: 2. 10. 1962. Der Beitrag ist die Kurzfassung einer am Moskauer Erdölinstitut durchgeführten Diplomarbeit.

Aufgaben, auch in karbonatischen Speichergesteinen, zu lösen. Eine erfolgversprechende Anwendung dieser Verfahren bei der geophysikalischen Untersuchung des Zechstein-Hauptkarbonats setzt jedoch eine Reihe umfassender Vorarbeiten voraus. Eines der zu lösenden Probleme besteht darin, den Einfluß der chemischen In-

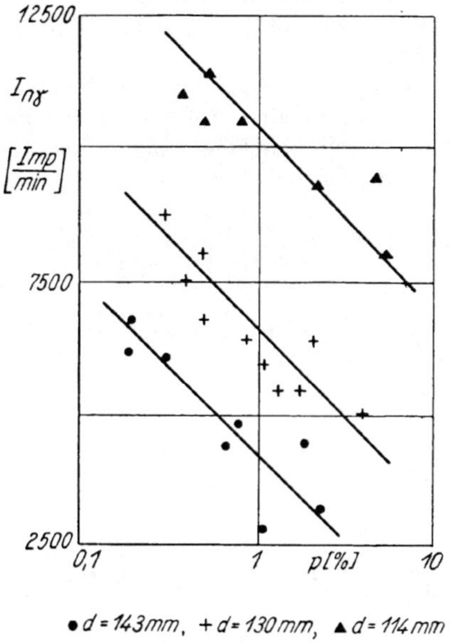

Abb. 1. Abhängigkeit der im Bohrloch gemessenen sekundären Gammastrahlung von der Porosität

homogenität des Hauptkarbonats auf seine Neutroneneigenschaften zu untersuchen. Bekanntlich ist das Zechstein-Hauptkarbonat ein karbonatisches Mischgestein, welches im wesentlichen aus drei Komponenten, Dolomit, Kalzit und Anhydrit, besteht. Dazu kommt noch ein Gehalt an Ton und anderem sedimentärem Material, der im allgemeinen gering bleibt. Da die Neutroneneigenschaften eines Mittels von dessen chemischer Zusammensetzung bestimmt werden, ist ein Einfluß der chemischen Inhomogenität des meist wenig porösen Hauptkarbonats auf die die Verteilung der Neutronen bestimmenden Konstanten zu erwarten. Eine erfolgreiche Anwendung neutronenphysikalischer Meßmethoden bei der Untersuchung des Hauptkarbonats hängt also weitgehend davon ab, wie stark die einzelnen Methoden auf den Chemismus ($CaSO_4$-Gehalt, Ca/Mg-Verhältnis usw.) reagieren. Ausgehend von der Theorie des Bremsvorganges der Neutronen in einem Mittel, kann das gestellte Problem durch theoretische Betrachtungen bzw. entsprechende Berechnungen gelöst werden. Die vorliegende Arbeit stellt einen ersten Beitrag zur Lösung des aufgeworfenen Problems dar.

Die Neutronenbremseigenschaften eines Mittels

Die Grundlage sämtlicher in der geophysikalischen Praxis Verwendung findender neutronenphysikalischer Bohrlochmeßverfahren bildet der Prozeß der Abbremsung schneller Neutronen in dem zu untersuchenden Mittel. Jeder Phase dieses Prozesses entspricht eines der bekannten Meßverfahren:

a) der Bremsung schneller Neutronen bis zu einer Energie von etwa 1,44 eV — die Neutron-Neutron-Messung, bei welcher epithermische Neutronen registriert werden,

b) der Bremsung epithermischer Neutronen bis zu „thermischen" Energien — die Neutron-Neutron-Messung mit thermischen Neutronen,

c) dem Resonanzeinfang thermischer Neutronen — die Neutron-Gamma-Messung.

Jede dieser Phasen baut auf der vorhergehenden auf, jede theoretische Betrachtung bzw. entsprechende Berechnungen müssen also zwangsläufig bei dem Bremsprozeß der von einer Quelle emittierten schnellen Neutronen beginnen.

In der Neutronenphysik sind im wesentlichen zwei Größen bekannt, die zur Charakterisierung des Bremsvorganges schneller Neutronen in einer Bremssubstanz dienen:

1. die Bremszeit t_s,
2. die Bremslänge L_s bzw. das eng damit zusammenhängende „Alter" der Neutronen.

1. Bremszeit

Die Zeit, die ein Neutron benötigt, um durch Zusammenstöße mit Atomkernen von der Anfangsenergie E_0 bis zur Endenergie E gebremst zu werden, läßt sich aus folgender Beziehung bestimmen:

$$dt(u') = \frac{1}{v} \cdot \lambda(u') \cdot \Psi_0(u') du' = \frac{1}{v_0} \cdot \lambda(u') \cdot \Psi_0(u') \cdot e^{\frac{u'}{2}} \cdot du' \qquad (1)$$

In diesem Falle ist $\Psi_0(u')$ die Stoßzahldichte, $\lambda(u')$ die mittlere freie Weglänge zwischen zwei Stößen, $u \equiv \ln \frac{E_0}{E}$ das „logarithmische Energiedekrement" (Lethargie).

Für Neutronen, die von beliebigen Anfangsenergien bis zur vorgegebenen Endenergie gebremst werden, gilt dann

$$t_s(u) = \int_0^u dt(u') = \frac{1}{v_0} \int_0^u \lambda(u') \cdot \Psi_0(u') \cdot e^{\frac{u'}{2}} \cdot du' \qquad (2)$$

Die Stoßzahldichte $\Psi_0(u)$ sei durch folgende Beziehung bestimmt:

$$\Psi_0(u) = \delta(u) + \frac{1}{\bar{\xi}} \qquad (3)$$

Hierbei ist $\delta(u)$ — die DIRACsche δ-Funktion, $\bar{\xi}$ — der mittlere Lethargiezuwachs pro Stoß.

Nach Einsetzen von (3) in (2) und unter Berücksichtigung der Eigenschaften von $\delta(u)$ ergibt sich:

$$t_s(u) = \frac{\lambda_0}{v_0} + \frac{1}{v_0} \int_0^u \frac{\lambda(u') \cdot e^{\frac{u'}{2}}}{\bar{\xi}} du' \qquad (4)$$

Die Lethargieabhängigkeit $\lambda \equiv \lambda(u)$ kann folgendermaßen approximiert werden:

$$\lambda(u) = (\lambda_0 - \lambda_{as}) e^{-\alpha u} + \lambda_{as} \qquad (5)$$

$\lambda_0 = \lambda(u = 0)$
λ_{as} = asymptotischer Wert für $\lambda(u_0 \to u)$
α = const.

Nach entsprechenden mathematischen Umformungen erhält man für $t_s(u)$ folgenden Ausdruck:

$$t_s(u) = \frac{\lambda_0}{v_0} + \frac{\lambda_0 - \lambda_{as}}{\bar{\xi} \cdot v_0 \left(\frac{1}{2} - \alpha\right)} \left[e^{u\left(\frac{1}{2} - \alpha\right)} - 1\right] + \frac{2\lambda_{as}}{\bar{\xi} \cdot v_0} \left(e^{\frac{u}{2}} - 1\right) \qquad (6)$$

Im gegebenen Falle interessieren Neutronen, die von einigen MeV bis zur Endenergie 1,44 eV gebremst werden, d. h. $u \gg 1$. Man kann deshalb die ersten beiden Glieder in (6) weglassen und mit ausreichender Genauigkeit die Bremszeit nach folgender Formel bestimmen:

$$t_s(u) = \frac{2\lambda_{as}}{\bar{\xi} \cdot v_0} \left(e^{\frac{u}{2}} - 1\right) \qquad (7)$$

Die nach Formel (7) bestimmten Bremszeiten schneller Neutronen in $CaCO_3$ sind in Abb. 2 wiedergegeben. Es zeigt sich, daß t_s sehr stark von der Porosität (vom Wasserstoffgehalt) des Mittels abhängt, also zur Ausgliederung poröser, wasserführender Schichten aus dem geologischen Profil verwendet werden kann. Eine Untersuchung der Bremszeit schneller Neutronen ist für sog. Neutronen-Impuls-Methoden von Interesse. Diese Methoden unterscheiden sich von den herkömmlichen neutronenphysikalischen Methoden dadurch, daß die Quelle (ein Neutronengenerator) Neutronenstrahlenimpulse von kurzer Dauer aussendet. Bei diesen Methoden ist eine nichtstationäre Betrachtung des Bremsprozesses erforderlich und eine Messung der Bremszeit möglich. Im gegebenen Falle, bei Verwendung einer konstanten Neutronenquelle und folglich bei stationärer Betrachtung des Bremsprozesses, ist eine Untersuchung der Bremslänge von größerem Interesse.

2. Bremslänge

Als Bremslänge L_s bezeichnet man die mittlere Entfernung auf einer Geraden, die ein Neutron während des Bremsprozesses von seiner Anfangsenergie E_0 bis zu einer bestimmten Endenergie E zurücklegt. Zwischen Bremslänge und Neutronenalter besteht folgende Beziehung:

$$L_s = \sqrt{\tau_s}$$

Bremslänge und Neutronenalter hängen von der Anfangsenergie E_0 wie auch von der Endenergie der Neutronen ab.

KOSHEWNIKOW (1960) gibt für die Berechnung des Neutronenalters schneller Neutronen in wasserstoffhaltigen Mitteln mit beliebiger chemischer Zusammensetzung folgende Formel:

$$\tau_s = \left[\frac{v_0^2}{3} + \frac{v_0}{3} \cdot \frac{\cos\Theta_0}{1 - \overline{\cos}\,\Theta} + \frac{u}{3\bar{\xi}(1 - \overline{\cos}\,\Theta)} + \frac{1 - \xi_0}{3\bar{\xi}(1 - \overline{\cos}\,\Theta)} + \frac{3 - 5\,\overline{\cos}\,\Theta}{9\bar{\xi}\cdot(1 - \overline{\cos}\,\Theta)^2}\right] \cdot \bar{\lambda}^2 \qquad (8)$$

Hierbei sind:

$$v_0 = \frac{\lambda_0}{\bar{\lambda}}; \qquad \bar{\lambda}^2 = \frac{1}{u}\int_0^u \lambda^2(u')\,du';$$

$$\overline{\cos}\,\Theta = \frac{1}{u}\int_0^u \cos\Theta(u')\,du'; \qquad \bar{\xi} = \frac{1}{u}\int_0^u \xi(u')\,du'$$

$$\lambda_0 = \bar{\lambda}(u = 0) = \frac{1}{\sum\limits_i n_i \cdot \sigma_i};$$

$$\cos\Theta_0 = \overline{\cos}\,\Theta\,(u = 0) = \sum_i \cos\Theta_i \cdot h_i;$$

$$\xi_0 = \bar{\xi}(u = 0) = \sum_i \xi_i \cdot h_i$$

h_i ist die Wahrscheinlichkeit, daß ein Neutron am Kern des i-ten Elements gestreut wird:

$$h_i = \frac{n_i \cdot \sigma_i}{\sum\limits_i n_i \cdot \sigma_i}$$

Weiterhin bedeutet n_i die Zahl der Atomkerne des i-ten Elements pro cm^3, σ_i den totalen Wirkungsquerschnitt des i-ten Elements, i die Zahl der Elemente im untersuchten Mittel.

Formel (8) ist in einer für Berechnungen zugänglichen Form wiedergegeben. Um jedoch den physikalischen Sinn zu erklären, ist Formel (9), welche man nach einigen elementaren Umformungen aus (8) erhält, besser geeignet:

$$\tau_s = \frac{\lambda_0^2}{3} + \tau_0 + \Delta\tau + \frac{\lambda_{tr}^2}{3\bar{\xi}} \qquad (9)$$

wobei

$$\lambda_{tr} = \frac{\bar{\lambda}}{1 - \overline{\cos}\,\Theta}$$

die Transportweglänge darstellt. Zur Interpretation des physikalischen Sinnes der Formel (9) kann außerdem Abb. 3 herangezogen werden.

Die Größe

$$\tau_0 = \int_0^u \frac{\lambda^2(u')\,du'}{3\bar{\xi}(1 - \overline{\cos}\,\Theta)} \qquad (10)$$

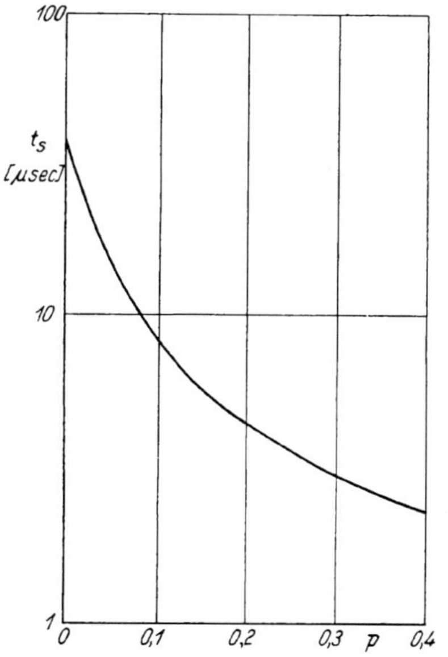

Abb. 2. Abhängigkeit der Bremszeit t_s epithermischer Neutronen in Kalzit von der Porosität

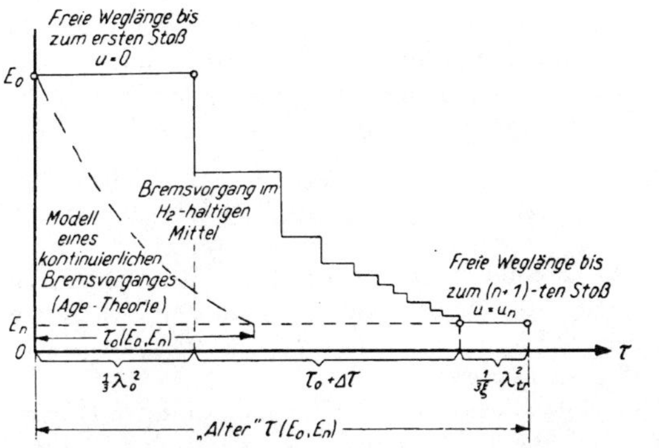

Abb. 3. Zum physikalischen Sinn der Formel (9)

ist in der Literatur allgemein unter der Bezeichnung „FERMI-Alter“ bekannt. Da den in der FERMIschen Alterstheorie (Age-Theorie) gestellten physikalischen Voraussetzungen annähernd nur schwere Bremssubstanzen, niemals jedoch leichte genügen, erweist sich das FERMI-Alter für die Beschreibung des Bremsvorganges schneller Neutronen in leichten Mitteln als ungenau, die Einführung verschiedener Berichtigungen ist erforderlich. Diese Berichtigungen sind als $\Delta\tau$ zusammengefaßt. Weiterhin ist zu berücksichtigen, daß der Bremsprozeß der Neutronen beim ersten Stoß mit einem Atomkern beginnt. Ein Neutron kann jedoch eine bestimmte freie Wegstrecke vom Ort seiner Entstehung (Neutronenquelle) bis zum ersten Stoß zurücklegen, ohne gebremst zu werden. Diese freie Weglänge, die offensichtlich ein Teil der allgemeinen Bremslänge ist, wird jedoch in τ_0 bzw. $\Delta\tau$ nicht erfaßt. Es muß also zusätzlich eine Größe eingeführt werden, die die „erste freie Weglänge“ berücksichtigt. Diese Größe ist $\frac{\lambda_0^2}{3}$. Analog kann das Neutron nach seinem letzten Stoß noch eine gewisse Strecke zurücklegen, bevor es aus dem interessierenden Energieintervall ausscheidet. Diese „letzte freie Weglänge“ wird durch die Größe $\frac{\lambda_{tr}^2}{3\xi}$ erfaßt.

Vergleiche des nach (8) errechneten Neutronenalters mit experimentellen Ergebnissen zeigen eine gute Übereinstimmung (KOSHEWNIKOW 1960). Formel (8) kann also für praktische Berechnungen durchaus verwendet werden. Wie bereits erwähnt, hängen Bremslänge bzw. Neutronenalter von der Anfangsenergie E_0 der Neutronen ab. Da die in der geophysikalischen Praxis verwendeten Po-Be-Quellen keine monoenergetischen Neutronen aussenden, sondern ein kontinuierliches Spektrum besitzen (Abb. 4), macht sich eine Berücksichtigung der Energieinhomogenität der Neutronen notwendig. Die von einigen Autoren vorgeschlagene Methodik, das kontinuierliche Spektrum durch eine „mittlere“ Anfangsenergie $\overline{E}_0$ zu ersetzen, erwies sich als ungenau. In der vorliegenden Arbeit wurde das Alter der Neutronen einer Quelle mit kontinuierlichem Spektrum nach folgender Formel berechnet:

$$\tau_s^* = \int_{(E_0)} g(E_0) \cdot \tau_s(E_0) \cdot dE_0 \quad (11)$$

In diesem Falle ist $g(E_0)$ die Gewichtsfunktion des Spektrums. Sie wird bestimmt als

$$g(E_0) = \frac{1}{Q} \cdot \frac{dQ(E_0)}{dE_0} \quad (12)$$

Außerdem ist $g(E_0)$ folgendermaßen normiert:

$$\int_{(E_0)} g(E_0) \cdot dE_0 = 1 \quad (13)$$

Nach Formel (11) wurde das Alter und aus dem Alter die Bremslänge der epithermischen Neutronen (Endenergie 1,44 eV) einer Po-Be-Quelle in Dolomit, Kalzit und Anhydrit mit verschiedener Porosität berechnet, wobei angenommen wurde, daß der Porenraum mit Wasser gefüllt ist. Die Ergebnisse dieser Berechnungen sind auf Abb. 5 dargestellt. Die wiedergegebenen Kurven zeigen, daß L_s mit zunehmender Porosität (H_2-Gehalt) stark abnimmt und mit $p \to 1$ einem konstanten Wert zustrebt. Die Kurven für Dolomit und Kalzit schneiden sich im Punkt $p = 0{,}02$. Das heißt, daß die Bremseigenschaften von Dolomit und Kalzit mit einer Porosität von 2% identisch sind. Wie zu erwarten war, ist der Einfluß der chemischen Zusammensetzung des Mittels auf die Neutronenbremslänge am größten bei geringer Porosität. Um zu beurteilen, welchen Einfluß der Chemismus auf die Bremseigenschaften des Hauptkarbonats hat, muß man berücksichtigen, daß sich die drei Komponenten Dolomit, Kalzit und Anhydrit niemals vollkommen vertreten. Der Anhydritgehalt dürfte 30% praktisch kaum übersteigen. Kalzit- bzw. Dolomitgehalt schwanken etwa von 20 bis 90%. Das bedeutet, daß

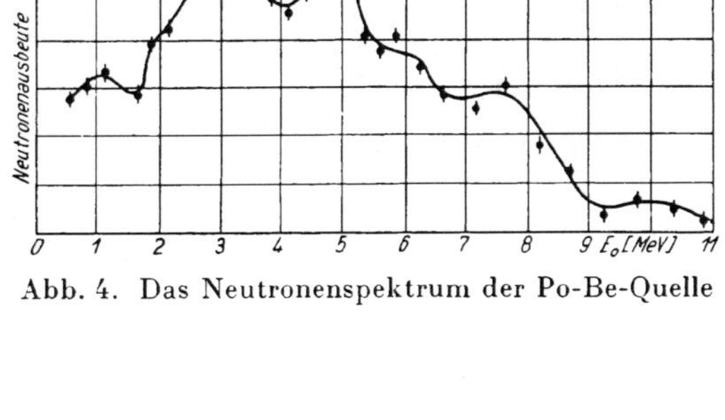

Abb. 4. Das Neutronenspektrum der Po-Be-Quelle

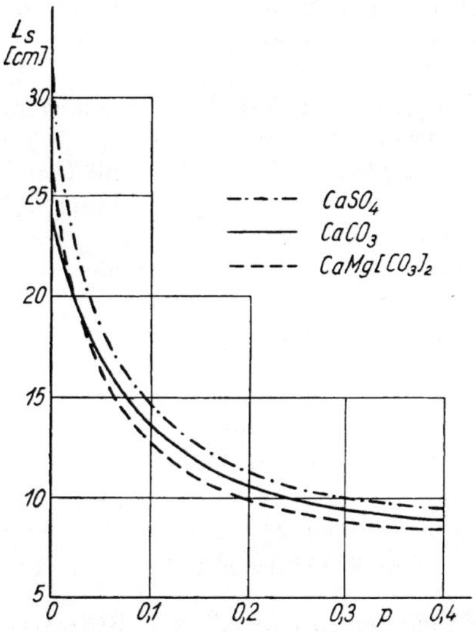

Abb. 5. Abhängigkeit der Bremslänge L_s epithermischer Neutronen in Anhydrit, Kalzit und Dolomit von der Porosität

sich die durch wechselnde chemische Zusammensetzung hervorgerufenen Schwankungen der Bremslänge im Vergleich zu den auf Abb. 5 dargestellten verringern.

Folglich wirkt sich die chemische Inhomogenität des Hauptkarbonats auf seine Bremseigenschaften nur schwach aus und ist kein Hindernis für eine erfolgreiche Anwendung des Neutron-Neutron-Logs, bei welchem epithermische Neutronen registriert werden.

Die räumliche Verteilung schneller Neutronen

Zusätzliche Informationen über das Neutron-Neutron-Log können aus einer Betrachtung der räumlichen Verteilung der Neutronen im Bremsmittel gewonnen werden. Zur Beschreibung des räumlichen und zeitlichen Verhaltens eines Neutronenfeldes dient die allgemeine Transportgleichung. Eine Lösung dieser Integrodifferentialgleichung ist im allgemeinen Falle schwierig, auch der wichtige stationäre Fall läßt sich nicht elementar behandeln. Die von mehreren Autoren unter Zuhilfenahme verschiedener mathematischer Methoden erhaltenen Lösungen sind kompliziert; Berechnungen nach den erhaltenen Formeln erfordern oftmals den Einsatz elektronischer Rechenmaschinen. Besondere Bedeutung haben deshalb die durch Annahme verschiedener physikalischer Voraussetzungen gewonnenen Näherungslösungen. Im gegebenen Falle soll die mit Hilfe der Age-Theorie abgeleitete Näherungsgleichung (Age-Gleichung) untersucht werden.

Die wichtigsten Voraussetzungen der Age-Theorie sind folgende:

1. Für die Abbremsung der Quellneutronen ist eine große Zahl von Stößen notwendig; der Bremsprozeß kann deshalb näherungsweise als zeitlich kontinuierlicher Vorgang aufgefaßt werden.
2. Die Änderung der Streulänge in einem Stoßintervall ist klein.
3. Die Verteilung der Neutronen ist fast isotrop.
4. Die Absorption der Neutronen ist verschwindend gering.

Offensichtlich entspricht diesen Bedingungen am besten ein schweres Medium; die Age-Theorie gilt daher um so besser, je schwerer das untersuchte Streumittel ist.

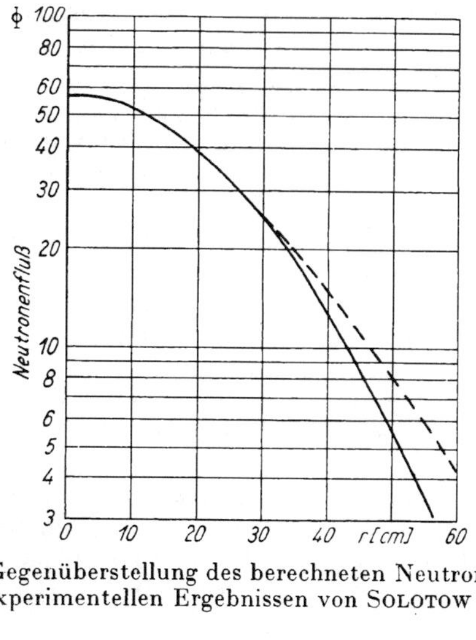

Abb. 6. Gegenüberstellung des berechneten Neutronenflusses mit experimentellen Ergebnissen von SOLOTOW (1959)

Nach Berücksichtigung der unter 1. bis 4. gegebenen physikalischen Voraussetzungen ergibt sich aus der allgemeinen Transportgleichung die erstmals von FERMI abgeleitete Age-Gleichung:

$$\Delta q(r, \tau_0) = \frac{\partial}{\partial \tau_0} q(r, \tau_0) \tag{14}$$

τ ist das bereits eingeführte FERMI-Alter, $q(r, \tau_0)$ ist die „Bremsdichte" und gibt die Anzahl der Neutronen an, die pro cm^3 und s das Alter τ_0 (oder die entsprechende Lethargie u) überschreiten.

Die Age-Gleichung ist formal identisch mit der Wärmeleitgleichung, wenn man q mit der Temperatur und τ_0 mit der Zeit identifiziert. Die Lösung dieser Gleichung für eine Punktquelle schneller Neutronen, wie sie im gegebenen Falle interessiert, hat folgende Form:

$$q(r, \tau_0) = \frac{\exp\left(-\frac{r^2}{4\tau_0}\right)}{(4\pi\tau_0)^{\frac{3}{2}}} \tag{15}$$

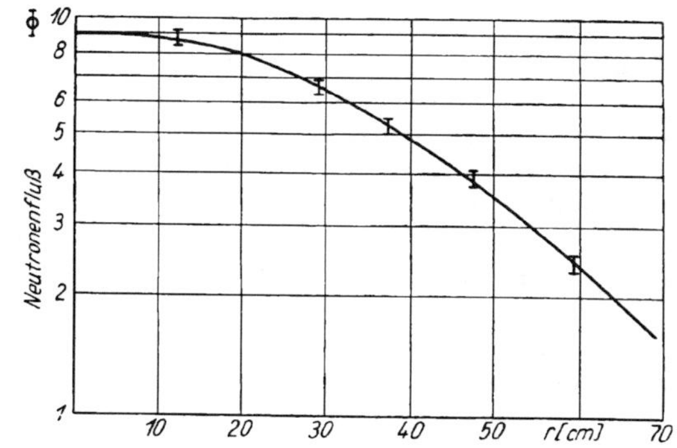

Abb. 7. Gegenüberstellung des berechneten Neutronenflusses mit experimentellen Ergebnissen von TITTMAN (1955)

Aus der Bremsdichte ergibt sich leicht die Stoßzahldichte

$$\Psi_0(r, u) = \frac{q(r, u)}{\bar{\xi}} \tag{16}$$

und aus der Stoßzahldichte der Neutronenfluß

$$\Phi_0(r, u) = \bar{\lambda} \cdot \Psi_0(r, u) \tag{17}$$

Da der Neutronenfluß von der Anfangsenergie E_0 der Neutronen abhängt, muß das Spektrum der verwendeten Quelle berücksichtigt werden. Analog zu (11) ergibt sich

$$\Phi^*(r) = \int_{(E_0)} g(E_0) \cdot \Phi_0(r, u) \cdot dE_0 \tag{18}$$

Die Age-Theorie kann prinzipiell auf jedes Streumittel angewendet werden, sie gilt jedoch nur in bestimmten Abständen von der Quelle. Diese Abstände werden durch die Größe

$$r \ll \frac{2\tau_0}{\lambda_0} \tag{19}$$

gegeben. In der Praxis erweist sich

$$r \cong \frac{0,8\,\tau_0}{\lambda_0} \tag{20}$$

als annehmbar.

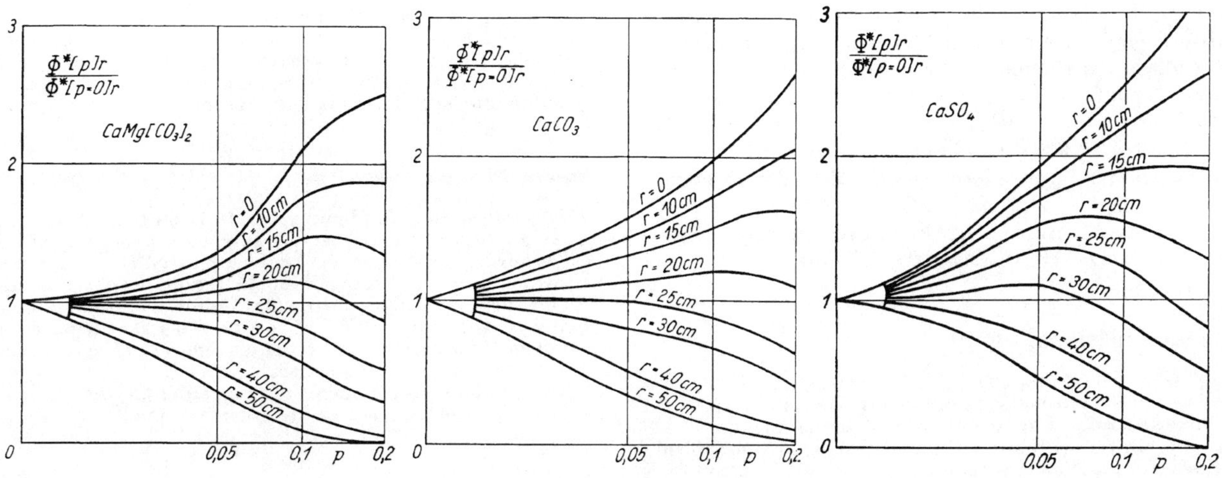

Abb. 8, 9, 10. Die Raumverteilung epithermischer Neutronen bei verschiedener Sondenlänge r in Dolomit (Abb. 8), Kalzit (Abb. 9) und Anhydrit (Abb. 10)

Um die Richtigkeit der Bedingung (20) zu überprüfen, wurde der für einige Medien nach Formel (18) berechnete Neutronenfluß mit den entsprechenden experimentellen Ergebnissen von SOLOTOW (1959) und TITTMAN (1955) verglichen (siehe Abb. 6 und 7). Auf Abb. 6 sind das experimentelle Ergebnis von SOLOTOW für Sand mit einer Feuchtigkeit von 3% (gestrichelte Linie) und die entsprechende theoretische Kurve (ausgezogene Linie) wiedergegeben. Beide Kurven fallen im Intervall bis zu 30 cm zusammen, was dem nach (20) errechneten Wert entspricht. Das Ergebnis von TITTMAN für trockenen Sand und die berechnete Kurve dazu sind auf Abb. 7 dargestellt. Hier entspricht die theoretisch errechnete Kurve dem experimentellen Ergebnis im gesamten untersuchten Intervall (bis etwa 60 cm), was ebenfalls mit dem nach (20) vorausgesagten Wert übereinstimmt.

Die Age-Theorie gibt also in den Grenzen ihrer Gültigkeit, die nach (20) bestimmt werden können, eine genaue Lösung der Transportgleichung.

Da die Gültigkeitsgrenzen der Age-Theorie z. T. die in der Bohrlochgeophysik interessierenden Entfernungen (50 cm) überschreiten, kann der Fluß der epithermischen Neutronen in einigen Medien genau berechnet werden. Für Abstände, in denen die Age-Theorie keine genauen Ergebnisse mehr liefert, können auf jeden Fall qualitative Aussagen gemacht werden. Ausgehend hiervon wurde der Fluß epithermischer Neutronen in Dolomit, Kalzit und Anhydrit mit verschiedener Porosität p und für verschiedene Sondenlängen r berechnet. Die Ergebnisse dieser Berechnungen sind

$$\left(\text{in Bezugswerten } \frac{\Phi^*[p]r}{\Phi^*[p=0]r}\right)$$

auf den Abb. 8, 9 und 10 dargestellt.

Eine Betrachtung der erhaltenen Kurven zeigt:

a) Für kleine Sondenlängen (etwa bis 10 cm) steigt der relative Neutronenfluß mit zunehmender Porosität monoton an.

b) Für mittlere Sondenlängen (etwa 10 bis 30 cm) werden keine eindeutigen Werte mehr erhalten; mit anderen Worten: einem gemessenen Neutronenfluß entsprechen zwei Porositätswerte, bzw. mit zunehmender Porosität bleibt der relative Neutronenfluß konstant. Man nennt diese Sonden deshalb auch Inversionssonden.

c) Für große Sondenlängen (über 30 cm) fällt der relative Neutronenfluß mit zunehmender Porosität monoton ab.

Den Abbildungen ist weiter zu entnehmen, daß kleine Sondenlängen für eine Porositätsbestimmung besser geeignet sind als große, da der Anstieg hier steiler und somit die Differenzierung besser ist. Technische Schwierigkeiten verhinderten jedoch bisher die Anwendung kleiner Sondenlängen.

Die erhaltenen Ergebnisse zeigen auch hier eine relativ geringfügige Abhängigkeit von der chemischen Zusammensetzung des Mittels.

Verzeichnis der Symbole

P	—	Porosität
Ψ_0	—	Stoßzahldichte
λ	—	mittlere freie Weglänge zwischen zwei Stößen
u	—	Lethargie
E_0	—	Anfangsenergie der Neutronen
E	—	Endenergie der Neutronen
v	—	Geschwindigkeit der Neutronen
t_s	—	Bremszeit
ξ	—	mittlerer Lethargiezuwachs pro Stoß
L_s	—	Bremslänge
τ_s	—	„volles Neutronenalter"
τ_0	—	„FERMI-Alter"
$\overline{\cos\Theta}$	—	mittlerer Kosinus des Streuwinkels
σ_i	—	totaler Wirkungsquerschnitt des i-ten Elements
n_i	—	Zahl der Atomkerne des i-ten Elements pro cm^3
i	—	Zahl der Elemente im untersuchten Mittel
λ_{tr}	—	Transportweglänge
$g(E_0)$	—	Gewichtsfunktion des Neutronenspektrums
Q	—	Aktivität der Neutronenquelle
q	—	Bremsdichte
Φ	—	Neutronenfluß
r	—	Sondenlänge (Abstand Neutronenquelle — Indikator)

Schlußfolgerungen

Die in der vorliegenden Arbeit angestellten Betrachtungen betreffen nur die erste Phase des Bremsvorganges schneller Neutronen bis zu einer Endenergie von 1,44 eV, geben also Informationen über die Anwendungsmöglichkeiten des Neutron-Neutron-Logs, bei welchem epithermische Neutronen registriert werden. Die Ergebnisse zeigen, daß eine Porositätsbestimmung nach diesem Verfahren ohne nennenswerten Einfluß der chemischen Inhomogenität des Hauptkarbonats möglich ist. Auf ähnliche Art kann auch die Verteilung thermischer Neutronen bzw. der sekundären Gammaquanten untersucht werden, um Informationen über das Neutron-Gamma-Log zu erhalten.

Verf. dankt Herrn KOSHEWNIKOW für seine Unterstützung sowie Herrn CHAWKIN für einen Teil der Berechnungen.

Zusammenfassung

Theoretische Betrachtungen und entsprechende Berechnungen der Neutronenkonstanten von Dolomit, Kalzit und Anhydrit erbrachten den Beweis, daß die chemische Inhomogenität des Zechstein-Hauptkarbonats kein ernstliches Hindernis für eine Anwendung des Neutron-Neutron-Logs darstellt. Durch eine Berechnung der räumlichen Verteilung epithermischer Neutronen in den angegebenen Mitteln wurden zusätzliche Informationen über die Anwendungsmöglichkeiten des Neutron-Neutron-Logs gewonnen.

Die vorgeschlagene Betrachtungsweise kann ebenfalls bei der Untersuchung anderer Bremsmittel (z. B. Erze) angewandt werden.

Резюме

Теоретическое рассмотрение и соответствующие расчёты нейтронных констант доломита, кальцита и ангидрита показывают, что химическая неоднородность отложений ,,Главного карбоната'' цехштейна не является препятствием для успешного применения ННМ. Путем расчёта пространственного распределения надтепловых нейтронов в указанных средах получены дополнительные информации для применения ННМ. Предлагаемая методика расчёта может быть применена и для исследования других замедляющих средств (напр. для рудных отложений).

Summary

Theoretical considerations and calculations of the neutron slowing-down parameters of dolomite, calcite and anhydrite have shown that the chemical inhomogeneity of the German Zechstein main carbonate is not a serious obstacle to an application of neutron-neutron logs. Additional informations enabling the application of neutron-neutron logs were obtained by a calculation of the distribution of epithermal neutrons in the media indicated.

The method of consideration suggested in the present paper can also be applied to other slowing-down agents (e. g. ores).

Literatur

BECKER, A.: Geophysikalische Bohrlochmessungen im Zechstein-Hauptdolomit. — Z. angew. Geol., 5, 10, 445—450, Berlin 1959.

HERTZ, G.: Lehrbuch der Kernphysik, Band 2, Physik der Atomkerne. — Leipzig 1960.

KOSHEWNIKOW, D. A.: Zur Berechnung der Bremslänge schneller Neutronen in Mitteln mit hohem Wasserstoffgehalt. — Arb. Moskauer Erdölinst., Ausg. 31, Gostoptechisdat, Moskau 1960 (russ.).

KOSHEWNIKOW, D. A. & S. A. GUBERMANN: Vervollkommnung radioaktiver Bohrlochmeßmethoden. — Ber. Laborat. Moskauer Erdölinst., Nr. 1, Moskau 1960 (russ., unveröff.).

SOLOTOW, A. W.: Die Verteilung langsamer Neutronen im homogenen Mittel. — In: Sammelbd. Jadernaja geofisika, Gostoptechisdat, Moskau 1959 (russ.).

TITTMAN, J.: Moderation of neutron in SiO_2 and $CaCo_3$. — Journal of Applied Physics, 26, Nr. 4 (1955).

WIRTZ, K. & K. H. BECKURTS: Elementare Neutronenphysik. — Springer-Verlag (1958).

Neutron-Cross Section. — BNL-325 (second ed.) AEC USA, 1958.

Einsatz von Schutzkolloiden und Dispergiermitteln in Bohrspülungen[1]

BRUNO HEYNE & WILLI KLIPP, Gommern

1. Einleitung

Die Entwicklung der Bohrspülung ist in den vergangenen Jahren in der DDR sehr erheblich gewesen. Neben einem Anstieg der Bohrmeter und der Spülungsmenge wurde auch eine beträchtliche Qualitätsverbesserung der verwendeten Spülung erreicht. Diese drei Faktoren führten zu einer Erhöhung der Spülungsgesamtkosten (Abb. 1). Die an die Bohrspülungen gestellten Ansprüche mußten gesteigert werden, da mehr und mehr Tiefbohrungen in Salinargesteinen abzuteufen waren. In den folgenden Ausführungen soll der Einsatz der Spülungsreagenzien unter den speziellen geologischen Bedingungen der DDR dargelegt werden. Noch vor zwei Jahren wurde ausschließlich illitischer Mischton aus Friedland (Norddeutschland) zur Herstellung von Grundspülungen verwendet. Die Laborarbeiten, besonders aber die praktischen Ergebnisse mit diesem Ton, der bis zu 30% Feststoffgehalt in den Spülungen eingesetzt werden muß, ergaben bei erhöhten Anforderungen schlechte Meßwerte. Jetzt wird für alle besonderen Rezepturen ungarischer Bentonit F verwendet. Nur in spülungstechnisch gefahrlosen Schichten, also zumeist in Horizonten bis zu 1500 m, genügt das Friedländer Blautonmehl.

[1]) Eingang des Manuskripts in der Redaktion: 20. 10. 1962.
Dem Beitrag liegt ein Vortrag zur III. Geochemischen Konferenz in Budapest, Oktober 1962, zugrunde.

2. Schutzkolloide

Zu Beginn der Bohrtätigkeit wurde zur Stabilisierung der Bohrspülung die kohlenalkalische Lösung (KAL) verwendet. Diese Lösung eignet sich wohl in beschränktem Maße zur Viskositätssenkung, eine Stabilisierung gegen Elektrolyte ist jedoch nicht möglich. Dies zeigt Abb. 2, in der die Abhängigkeit der Wasserabgabe elektrolytgeschädigter Spülungen vom KAL-Gehalt dargestellt ist. Gegenüber der Grundspülung ergibt die mit KAL behandelte Spülung verbesserte Wasserabgaben, die jedoch ab 50 g NaCl/l zu hoch liegen (bis 70 ml). Die Bohrfeldpraxis erbrachte den Beweis der ungenügenden Qualität der KAL zur Stabilisierung der Spülung bei höheren Salzgehalten, so daß sehr bald mit anderen organischen Substanzen gearbeitet wurde. Diese Substanzen haben die Aufgabe, die Tonpartikel gegen Elektrolyte zu schützen und somit eine

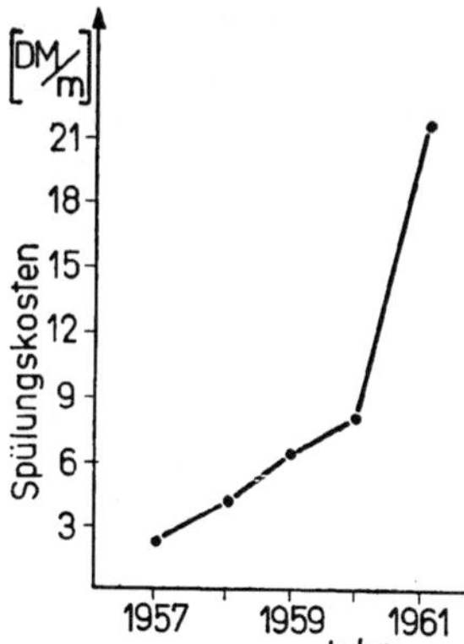

Abb. 1. Anstieg der Spülungskosten pro Bohrmeter von 1957 bis 1961

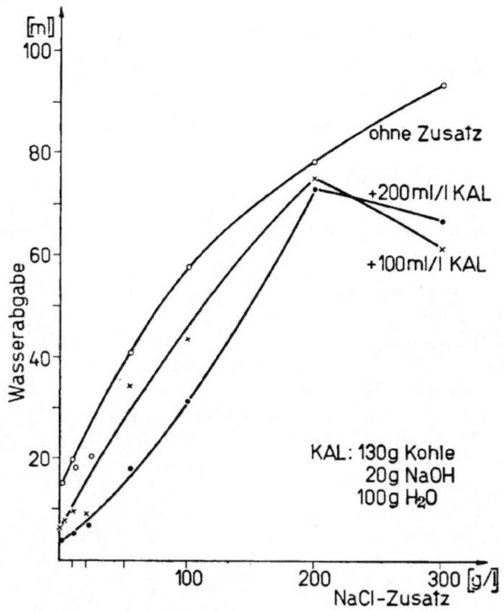

Abb. 2. Abhängigkeit der Wasserabgabe elektrolytgeschädigter Spülungen vom KAL-Gehalt (Kohle vom Braunkohlenwerk Mücheln, Grube Neumark)

Entladung der abstoßenden Kräfte, die wesentlich die Stabilität des Systems bedingen, zu verhüten, also eine Koagulation der Tonteilchen unter Wasseraustritt zu verhindern. Die organischen Stoffe werden daher als Schutzkolloide bezeichnet. Sie sollen folgende Eigenschaften haben:

1. Die Größe des organischen Makromoleküls soll mindestens etwa der Größe eines Tonpartikels entsprechen, d. h., die Schutzkolloide sollen Molekulargewichte in der Größenordnung von minimal 100000 haben.
2. Das Schutzkolloid soll mit den schädigenden Elektrolyten nicht reagieren oder nur Produkte bilden, die den Schutzkolloidcharakter nicht beeinflussen.
3. Die Substanz muß wasserlöslich sein.
4. Das Schutzkolloid soll gegen Fermentation und Änderung von Druck, Temperatur und pH-Wert beständig sein.

Dem größten Teil dieser Anforderungen entspricht bisher die Carboxymethylcellulose (CMC). Sie kann in der gewünschten Molekülgröße hergestellt werden, die Alkalisalze der niedermolekularen CMC sind wasserlöslich, ferner ist CMC gegen Druck und Temperatur bis zu ca. 140 °C beständig. Gegen Bakterien und Fermenteinwirkung ist CMC praktisch immun. Sie ist beständig im pH-Bereich von 4 bis 12. Stärkeprodukte erfüllen auch in gewissen Grenzen diese Anforderungen, sind aber nur in Salzspülungen gegen Bakterien beständig. Über die Entwicklung und den Einsatz von Dextran als Schutzkolloid wird getrennt berichtet. Wegen der Steigerung des Chemikalienbedarfs (Abb. 3) haben wir eine Auswahl der geeignetsten Schutzkolloide treffen müssen.

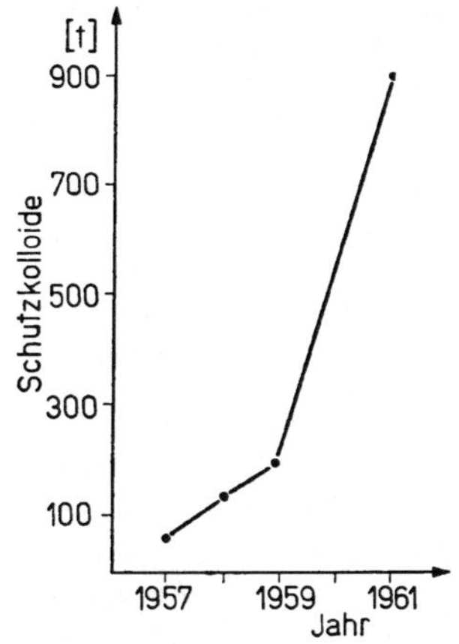

Abb. 3. Erhöhung des Schutzkolloidverbrauchs von 1957 bis 1961 (CMC, Stärke und Mischungen)

Im Labor wurden Qualitätsvergleiche der zur Verfügung stehenden Schutzkolloide durchgeführt. Eine Friedländer Tongrundspülung von 200 g Ton/l Wasser wurde vor und nach der Elektrolytschädigung (30% NaCl oder 0,5% Anhydrit) mit 2% Schutzkolloid versetzt. Die Schutzkolloidzugabe erfolgte einmal im ursprünglichen Zustand und zum anderen unter Berücksichtigung des Feuchtigkeitsgehalts. Von jeder Probe wurden bei Zimmertemperatur und nach der Erhitzung auf 100 °C im Autoklaven über 8 Stunden die Spülungswerte festgestellt. Die Wasserabgaben einiger Schutzkolloide sind in Abb. 4 aufgetragen. Als Beispiel für die Schutzkolloidwirkung der einzelnen Produkte werden hier nur die Wasserabgaben dargestellt, die sich nach der Schädigung einer bereits geschützten Spülung einstellten, da die Qualität der meisten organischen Substanzen nicht ausreicht, um bei Stabilisierung einer bereits geschädigten Spülung mit 2% noch ausreichende Eigenschaften zu erzielen. Abb. 5 stellt die Verhältnisse unter Berücksichtigung des Feststoffgehalts dar. Die Qualitätsabstufungen der einzelnen Schutzkolloide sind

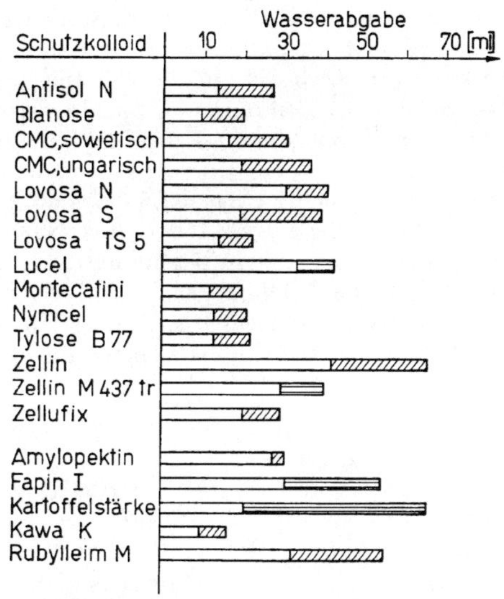

Abb. 4. Abhängigkeit der Wasserabgabe von der Temperatur bei Schädigung mit 30% NaCl nach der Stabilisierung mit 2% Schutzkolloid auf CMC-Basis.

Der schräg/waagerecht gestrichelte Teil zeigt die Zunahme/Abnahme der Werte beim Temperaturunterschied von 20 bis 100 °C.

aus diesen Abbildungen zu erkennen. Ähnliche Verhältnisse liegen auch beim Zusatz von Anhydrit vor. Neben den wesentlich niedrigeren Wasserabgabewerten sind auch die Viskositätswerte der meisten mit ausländischen CMC-Produkten versetzten Spülungen geringer, so daß in der Praxis eine geringere Menge erforderlich ist und sich eine bessere Pumpbarkeit der Spülung ergibt.

Diese Schutzkolloide werden je nach ihrer Qualität in den verschiedenen Rezepturen eingesetzt. Zur Stabilisierung normaler Grundspülungen werden 0,5—2% Zellin verwendet. Bei Einwirkung 1- und 2wertiger Elektrolyte setzen wir hochwertige CMC-Produkte zu, das sind augenblicklich noch ausländische Markenprodukte. Die Zugabe erfolgt im festen Zustand oder in 8—10%igen Lösungen. Für die mächtigen Salzfolgen des Zechsteins

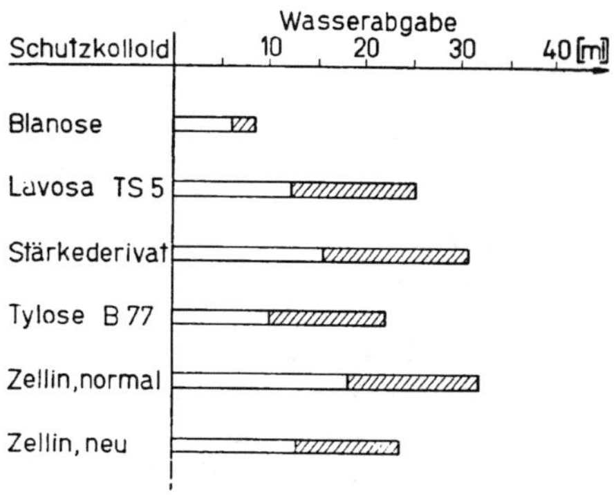

Abb. 5. Abhängigkeit der Wasserabgabe von der Temperatur bei Schädigung mit 30% NaCl nach der Stabilisierung mit 2% Schutzkolloid unter Berücksichtigung des Feuchtigkeitsgehalts. Der schräg gestrichelte Teil zeigt die Zunahme der Werte bei einem Temperaturunterschied von 20 bis 100 °C.

wird meist eine ausgesalzene, beschwerte Tiefbohrspülung verwendet. Aus Abb. 6 ist die günstigste CMC-Menge zu entnehmen, sie liegt bei 4%.

Zur Erzielung einer niedrigen Viskosität wird mit einer 5,5%igen Bentonitspülung gearbeitet. Die Dichte beträgt 1,75 g/cm³ durch die Zugabe von 1000 g Baryt und 300 g NaCl pro l Spülung, sie kann in dieser Rezeptur bei nur geringer Abnahme der Stabilität bis auf 2,0 g/cm³ erhöht werden. Bei Zeitversuchen über 96 Stunden ergab sich bei einigen CMC-Produkten ein Anstieg der Wasserabgabe ab 100 °C, ein Nachsetzen der Schutzkolloide ist daher in bestimmten Abständen erforderlich. Für die Tiefbohrungen sind nach Verrohrung der Salzhorizonte bis zu Temperaturen von 140 °C und höher vorerst keine Salzeinlagerungen mehr

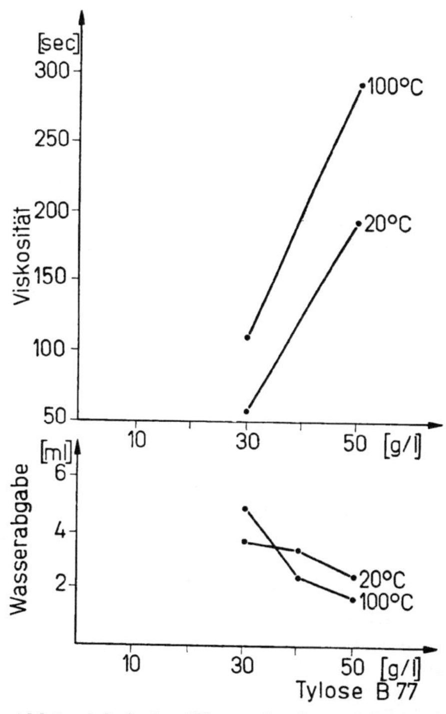

Abb. 6. Abhängigkeit der Wasserabgabe und Viskosität von der Zugabe von Tylose B 77 bei 20 °C und 100 °C bei einer beschwerten (1000 g/l), ausgesalzenen (300 g/l) Bentonitspülung (55 g/l)

zu erwarten. Diese Bohrungen sollen mit natrium- oder calciumbasischen, feststoffarmen Spülungen unter Verwendung von geringen CMC-Mengen und synthetischen Dispergiermitteln abgeteuft werden.

3. Dispergiermittel

Dispergiermittel werden bekanntlich auf zweifache Weise eingesetzt:

1. zur ein- oder mehrmaligen Viskositätssenkung von hochviskosen Spülungen, wobei die Viskositätserhöhung vom Schutzkolloidzusatz, von der Aufnahme von Ton aus dem Bohrklein oder von Elektrolytschädigung in kleinen Konzentrationen herrühren kann;
2. in Spezialspülungen, um die Viskosität niedrig zu halten und im Zusammenwirken mit anderen Reagenzien eine

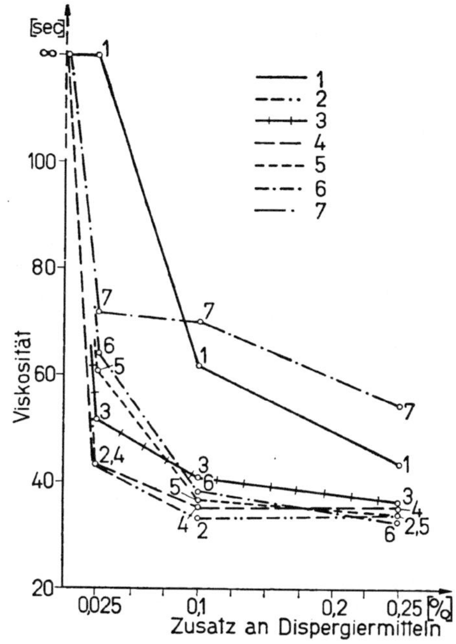

Abb. 7. Viskosität einer Grundspülung (200 g Friedl. Ton/l) bei Dispergiermittelzusatz pH = 7,1—7,5
1 — VA — Wolfen; 2 — Pyrophosphat; 3 — Quebracho; 4 — Kortan; 5 — Skytan G 40; 6 — GL 1402; 7 — 1406

Viskositätserhöhung von vornherein zu verhindern. Die bekanntesten dieser Spezialspülungen sind die Rote Kalkspülung und die Gipsspülungen, die für die speziellen Ansprüche in Tongesteinen für zweiwertige Kationen enthaltende Horizonte bzw. für heiße Tiefbohrungen über 120 °C entwickelt wurden.

Zu Beginn der Bearbeitung der Bohrspülung in der DDR wurden die Spezialspülungen infolge Mangels an erforderlichen Chemikalien und an Erfahrungen gänzlich vernachlässigt; man beschränkte sich darauf, gelegentlich eingedickte Spülungen mit Na-Pyrophosphat, Sulfitablauge oder kohlenalkalischer Lösung (KAL) zu verdünnen. In dieser Zeit waren die bekannten „Tonmänner" eine häufig auftretende Erscheinung. Mit Fortschreiten der Entwicklung wurden die erwähnten Dispergiermittel systematischer eingesetzt und Rezepturen erarbeitet. So wurden die vorhandenen und die seinerzeit in der Entwicklung befindlichen Dispergiermittel bei den verschiedensten Viskositätserhöhungen getestet und der günstigste Anwendungsbereich festgestellt. Es wurde zum Beispiel der günstigste pH-Wert für verschiedene Dispergiermittel bei der Senkung der Visko-

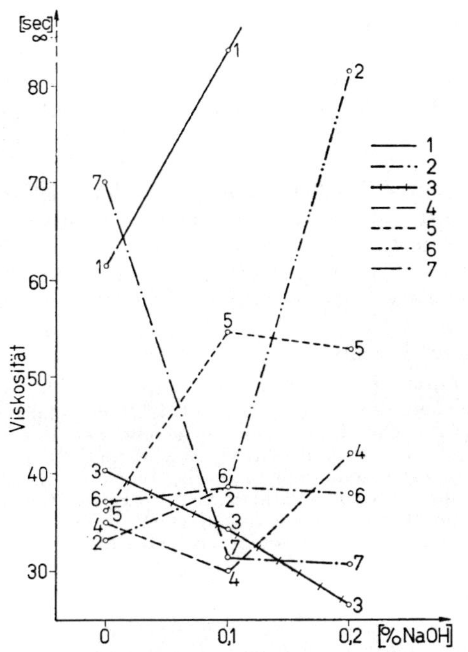

Abb. 8. Viskosität einer Grundspülung bei Dispergiermittelzusatz (0,1%) und Variation der NaOH-Menge

1 — VA — Wolfen; 2 — Pyrophosphat; 3 — Quebracho; 4 — Kortan; 5 — Skytan G 40; 6 — 1402; 7 — 1406

sität aus einer eingedickten Tonspülung ermittelt. Abb. 7 zeigt die Wirkung der Verdünner unter steigendem Zusatz bei dem pH-Wert 7—7,5, Abb. 8 die Abhängigkeit der Viskosität bei 0,1% Verdünnerzusatz und wachsenden NaOH-Mengen. Es erwies sich, daß die Wirkung von Sulfidablauge, Pyrophosphat und Skytan G 40 (ein kondensierter synthetischer Gerbstoff) mit steigendem pH-Wert abnimmt, bei Kortan etwa konstant ist und bei Quebracho und 1406 (einem synthetischen Dispergiermittel) verbessert wird.

Diese und andere umfangreiche Untersuchungen ergaben die mangelhafte Qualität der Sulfitablauge, so

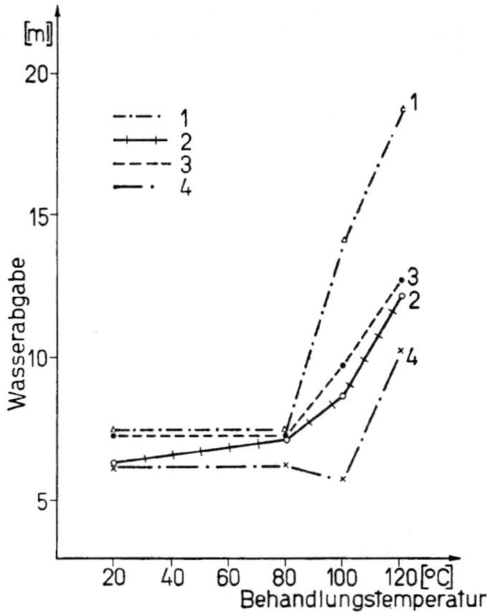

Abb. 9. Wasserabgaben stabilisierter, zementgeschädigter Kalk-Rot-Spülungen in Abhängigkeit von der Behandlungstemperatur

1 — Na-Humat; 2 — Quebracho; 3 — Kortan; 4 — 1406

daß wir gezwungen waren, bessere Dispergiermittel zu verwenden und zu entwickeln. Erst bei Verwendung der Kalk-Rot-Spülungen kam die Entwicklung der Dispergiermittel zum Tragen; denn trotz des systematischen Gebrauchs der Dispergiermittel kam es noch oft zu Viskositätsschwierigkeiten. Hinzu kamen die wachsenden Bohrteufen, die den Einsatz von polymeren Phosphaten unmöglich machten, sowie die geringe Dispergiermittelwirkung der SSA und die Anfälligkeit von Spülungen auf KAL-Basis gegen Salze. Ferner traten Schwierigkeiten bei einer Bohrung mit mächtigen Anhydritschichten auf, denen die damalige Süßwasserspülung nicht gewachsen war.

Die Verwendung von Kalk-Rot-Spülungen machte sich erforderlich, und nach Ausarbeitung einer Rezeptur mit unserem einheimischen Ton wurde erstmalig im Herbst 1960 eine Kalk-Rot-Spülung mit importiertem Quebracho erprobt. Sie bestätigte die bekannten Vorzüge dieser Spülung, und seither wird dieselbe in steinsalzfreien Horizonten in großem Umfang verwendet. Es wurden zwei synthetische Dispergiermittel entwickelt, das Skytan G 40 (ein kondensiertes SSA) und das vollsynthetische 1406. Diese beiden Produkte werden auch

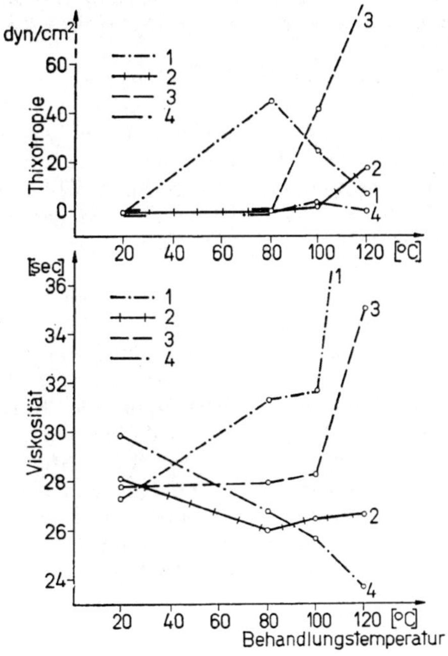

Abb. 10. Rheologische Werte stabilisierter, zementgeschädigter Kalk-Rot-Spülungen in Abhängigkeit von der Temperatur

1 — Na-Humat; 2 — Quebracho; 3 — Kortan; 4 — 1406

mit Erfolg in Kalk-Rot-Spülungen eingesetzt. G 40 eignet sich am besten bei niedrigen Temperaturen bis 80 °C, bei hohen Temperaturen ergibt 1406 sehr gute Wasserabgaben (vgl. Abb. 9). Die bei hohen Temperaturen oft auftretende Verdickung konnte bei Verwendung von 1406 (im Laborversuch) nicht festgestellt werden. Abb. 10 zeigt die rheologischen Meßwerte von stabilisierten und mit Zement geschädigten Kalk-Rot-Spülungen in Abhängigkeit von der Behandlungstemperatur.

Die Kalk-Rot-Spülung mit Quebracho oder den synthetischen Dispergiermitteln wird jetzt in vielen Boh-

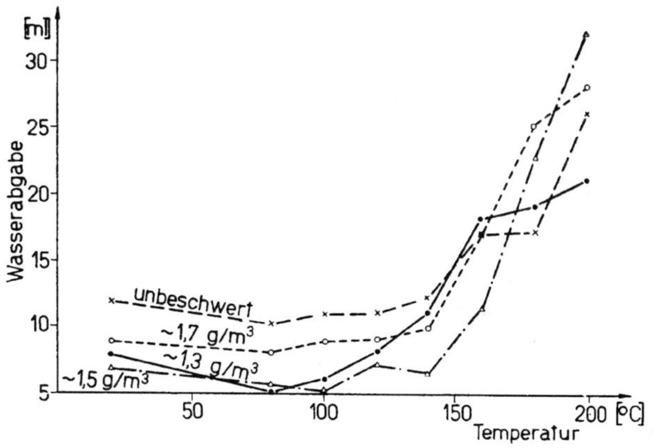

Abb. 11. Abhängigkeit der Wasserabgabe einer Gipsspülung mit VUN-Kortan von der Temperatur bei verschiedenen Dichten

rungen bis zum Erreichen des Salzhorizonts eingesetzt. Bisher wurde danach die Spülung gewechselt, jetzt werden CMC-Lösung und Soda zugesetzt und ausgesalzen. Damit konnte die für einen Spülungswechsel erforderliche Zeit eingespart werden. Eine Beschwerung dieser Spülung mit Baryt bis zur Dichte von 1,8 g/cm³ ist möglich.

Die Großeinsätze des Skytans G 40 und des 1406 in Kalk-Rot-Spülungen ergaben die gleichen Vorteile wie die Rezepturen mit Quebracho. Quellende Gebirgsschichten, Kalk, Anhydrit und Zement wurden teilweise ohne CMC oder nur mit ganz geringen Zellinmengen durchteuft. Es wurden Leistungssteigerungen im gesamten bohrtechnischen Ablauf erzielt.

Das Labor beschäftigt sich damit, für die thermostabilere Gipsspülung Dispergiermittel zu erproben. Diese Stoffe müssen bekanntlich beim pH-Wert 8 gute Dispergiereigenschaften zeigen und auch thermostabil sein. Daher scheiden viele Verdünner, wie Quebracho und Skytan 1406, die in herkömmlichen Kalk-Rot-Spülungen verwendet wurden, aus, da ihre Wirksamkeit auf hohe pH-Werte beschränkt ist. Die besten Ergebnisse in Gipsspülungen zeigten Kortan und ein in der Entwicklung begriffenes Dispergiermittel vom Typ Skytan 1402. Es war möglich, Spülungen mit guter Stabilität und Viskosität bis zu Dichten von 2,0 g/cm³ und Temperaturen von 200 °C herzustellen, wobei jedoch die Wasserabgaben ab 150 °C als Funktion des Schutzkolloids CMC stark ansteigen.

Abb. 11 gibt Wasserabgabewerte bei Gipsspülungen mit VUN Kortan wieder. Bei allen vier Meßreihen mit den steigenden Dichten von ca. 1,0, 1,3, 1,5 und 1,7 g/cm³ ist die gleiche Tendenz zu erkennen, daß ab 150 °C ein merklicher Anstieg der Wasserabgabe auftritt. Hier müssen noch thermostabile Schutzkolloide gefunden werden, woran zur Zeit gearbeitet wird. Mit Dextran sind bereits verbesserte Ergebnisse erzielt worden.

Zusammenfassung

Die Entwicklungsarbeiten auf dem Gebiet der Schutzkolloide und der Dispergiermittel für Bohrspülungen und deren praktischer Einsatz werden beschrieben. Als Schutzkolloide finden CMC-Produkte, Stärke und Dextran Anwendung, die besonders in steinsalzgeschädigten Spülungen angewendet werden; synthetische Dispergiermittel stabilisieren die Bohrspülungen in speziellen Rezepturen gegen zweiwertige Elektrolyte und gegen Viskositätserhöhungen.

Резюме

Описываются исследовательские работы в области предохранительных коллоидов и диспергирующих веществ в буровых растворах и их практическое использование. В качестве предохранительных коллоидов применяются продукты CMC, крахмал и декстран, особенно в растворах для скважин, пробуренных в свитах каменной соли. Синтетические диспергирующие вещества (в виде специальных рецептур) стабилизируют буровые растворы против воздействия двухвалентных электролитов и повышения вязкости.

Summary

A description is given of development works in the field of protective colloids and dispersing agents for drilling muds and their practical use. Protective colloids include CMC products, starch and dextran, and are particularly used in muds damaged by rock salt. Synthetic dispersing agents of special prescriptions stabilize drilling muds against bivalent electrolytes and increases of viscosity.

Literatur

DIENER, H.: Der Chemismus von mit Carboxymethylcellulose gechützten Bohrspülungen. – Vortrag, geh. in der Bergakademie Freiberg (Sa.) 1960.
HEYNE, B. & W. KLIPP: Erdölspülung. – Zentrallabor Gommern – interner Bericht (1960).
WHITE, T.: Die Beeinflussung der Thixotropie und Viskosität tonmineralhaltiger Rohstoffe und Massen durch Quebracho-Extrakt. – Tonindustrie-Z., 2, Zbl. 77, 11, 193 (1953).

Kernlose Erkundungsbohrungen [1]

— Untersuchungen über deren Rationalität —

A. F. MERSCHALOW & W. I. JAKOWLEW, Leningrad

Bei Erkundungsbohrungen ohne Kernstrecken erprobte das Geologische Zentralamt in Kominenetzk verschiedene Meißeltypen unter den Verhältnissen des Petschora-Beckens. Die Untersuchungen wurden unter Feldbedingungen in Schichten der V.–IX. Bohrbarkeitskategorie (Argillite, Aleurolite, Sandsteine, Konglomerate, Gerölle und verkieselte Kalksteine) durchgeführt. Für die Arbeiten standen Anlagen vom Typ KAM 500, SIF 650 A und SIF 1200 A und Spülpumpen vom Typ SIF-R 200/40 zur Verfügung.

Das Bohrgestänge bestand aus Meißel, Spezialübergang, Schwerstange (73 mm Durchmesser, Länge 40–70 m) und Gestänge von 50 oder 63,5 mm Durchmesser mit Gewindemuffen. Ein- und Ausbau erfolgten mit halbautomatischem Elevator von KADOTSCHNIKOW, der für die Gestängetypen PO 47 und PRM-2 M geeignet ist. Die Höhe der Aushängebühne betrug 18 und 22 m.

[1]) Aus: Raswedka i ochrana nedr, H. 9, S. 26–31 (1960). Übers.: H. O. JOKSCH.

Tabelle 1

Meißeltyp	Meißel-Ø mm	Bohrfortschritt (gesamt u. je Meißel) u. mittl. mech. Geschwindigkeit in Gesteinen verschiedener Bohrbarkeit V s	V s/n	V v_m	VI s	VI s/n	VI v_m	VII s	VII s/n	VII v_m	VIII s	VIII s/n	VIII v_m	IX s	IX s/n	IX v_m	Gesamt-bohrmeter	Mittlerer Bohrfortschritt je Meißel in m	Mittlere mechanische Bohrgeschwindigkeit m/h	Anzahl der verschlissenen Meißel in Stück
Dreirollen	–	481	33,4	5,5	1315	23,6	3,88	1050	16,4	2,8	597	13	1,76	191	7,6	126	3634	17,7	–	205
1 W–6 AS	140	50	42	6	40	31	4,5	97	19	2,9	273	14	2,2	40	10	1,6	500	–	–	–
1 W–5 T	118	46	36	6,6	70	25	4,0	273	18	3,0	134	16	1,8	30	10	1,4	553	–	–	–
1 W–5 S	118	80	34	5,0	290	23	4,0	50	17	3,0	60	15	1,7	20	8	1,4	500	–	–	–
1 W–4 AT	97	130	29	4,8	365	21	3,5	510	15	2,6	100	11	1,68	67	55	1,0	1172	–	–	–
1 W–4 AS	97	175	26	4,5	550	18	3,4	120	13	2,5	30	9	1,4	34	4,5	0,9	909	–	–	–
Stufenmeißel	76–92	232	35	9,0	38	20	7,0	–	–	–	–	–	–	–	–	–	279	34,0	9,0	7,94
Spitzmeißel	150	70	–	–	80	–	–	90	61	8,5	80	35	3,9	50	25	1,65	370	61,0	3,9	6,06
Ergebnis	–	783	–	–	1433	–	–	1140	–	–	677	–	–	241	–	–	4274	–	–	–

Anmerkung: s – Bohrmeter; s/n – Bohrfortschritt je Meißel in m; v_m – mittl. mech. Bohrgeschwindigkeit in m/h

Tabelle 2

Meißeltyp	Meißel-Ø mm	Bohrregime in der Praxis: Bohrlast in kp	Drehzahl in min^{-1}	Spülungsart und Menge	Bohrregime im Versuch: Bohrlast in kp	Drehzahl in min^{-1}	Spülungsart und Menge
Dreirollen		500–1500	70, 120, 277	Tonspülung γ = 1,2 g/cm³	500–5000	71, 153, 277, 470	Tonspülung γ = 1,2 g/cm³
1 W–6 AS	140						Q = 160–180 l/min
1 W–5 T	118	500–1700	70, 120	Q = 160–180 l/min oder reines Wasser	500–5000	71, 153, 277, 470	oder Klarwasser Q = 160–180 l/min
1 W–5 S	118	500–2500	71, 153	Q = 160–180 l/min	500–5000	71, 153, 277, 470	–
1 W–4 AT	97	1000–2500	71, 153, 277	Klarwasser	500–5000	71, 153, 277, 470	–
1 W–4 AS	97	1000–2500	71, 153, 277	Q = 320 l/min	500–5000	71, 153, 277, 470	–
Stufenmeißel	76–92	500–1700	71, 120, 153	Tonspülung Q = 160–180 l/min oder Wasser	–	–	–
Spitzmeißel	115	1500–4000	153, 277	Q = 160–180 l/min	–	–	

Folgende Meißeltypen wurden untersucht: Dreirollenmeißeltypen 1 W–4 AT, 1 W–4 AS, 1 W–5 T, 1 W–5 S, 1 W–6 AS; Spitzmeißel; Stufenmeißel. Während der Untersuchungen wurden in verschiedenen Teufen im Bereich von 0—800 m insgesamt 4274 Bohrmeter niedergebracht.

Die Ergebnisse des Bohrfortschritts mit den verschiedenen Meißeltypen in Schichten der V.—IX. Bohrbarkeitskategorie sind in Tab. 1 wiedergegeben.

Daten über das Bohrregime bei den Meißelerprobungen liegen in Tab. 2 vor.

Der Einsatz der Rollenmeißel erfolgte bis zum völligen Verschleiß der Rollen oder bis zum Auftreten eines radialen oder axialen Spaltes größer als 4 mm im Lager. Den geringsten Verschleiß hatten die großen Meißel. Es wurde festgestellt, daß die Rollenmeißel der Typen 1 W–6 AS, 1 W–5 T (Durchmesser 118—140 mm) Bohrlasten von 4000—5000 kp bei Drehzahlen von 270 bis 470 min^{-1} aushalten. Die Meißeltypen 1 W–4 AT und 1 W–4 AS haben schwache Lager. Die rationelle Bohrlast darf 2000—2500 kp bei 150—200 min^{-1} nicht übersteigen. Dadurch wird grundsätzlich der relativ geringe Bohrfortschritt bei den Meißeltypen 1 W–4 AT und 1 W–4 AS (s. Tab. 1) in Schichten von hoher Bohrbarkeit aufgezeigt.

Die Verringerung des Bohrlochdurchmessers durch den radialen Meißelverschleiß beim Bohren führte dazu, daß häufig nachgebohrt werden mußte. So betrug z. B. beim Bohren mit Meißeln von 97—118 mm Durchmesser in Schichten der Bohrbarkeit VII der Durchmesserverlust des Meißels 0,5—1 mm pro 6—10 m Vortrieb. Fast ein Drittel der Strecke mußte nachgebohrt werden.

In harten Gesteinen (Bohrbarkeit VIII—X) erwiesen sich die Spitzmeißel, deren Durchmesser sich fast bis zum völligen Stumpfwerden nicht veränderten, als die widerstandsfähigsten. In Tab. 3 werden die Ergebnisse der Untersuchungen an Spitzmeißeln, Dreirollen- und Stufenmeißeln sowie der Hartmetallkronen vom Typ MR verglichen (Versuchsbedingungen sind die gleichen).

Aus Tab. 3 ist zu ersehen, daß die Widerstandsfähigkeit der Spitzmeißel in Gesteinen mittlerer Festigkeit 2- bis 3mal größer ist als die der Dreirollenmeißel und 10- bis 15mal größer als die der Kronen. In Schichten bis zur Bohrbarkeit VI waren die Stufenmeißel am widerstandsfähigsten, die ihren Durchmesser bis zum völligen Stumpfwerden nicht veränderten. Es war festzustellen, daß die mechanische Bohrgeschwindigkeit und die Standzeit der Meißel beim kernlosen Bohren größer sind als die der Bohrkronen.

Die bekannte Abhängigkeit der mechanischen Bohrgeschwindigkeit von der Drehzahl für die Meißel der Typen 1 W–4 AS und 1 W–4 AT wurde bestätigt. Die Ergebnisse sind in Tab. 5 niedergelegt.

Tabelle 3

	Meißeltyp: Spitzmeißel	Stufen-	Dreirollen-		Kronen	MR
Mittl. Bohrbarkeit d. Gest.	7,5	5	7,5	5	7,5	5
Gesamtbohrmeter, lfd.	370	270	370	270	370	270
Verschlissene Kronen	6	8	18	9	92	45
Bohrfortschritt m/h-Werkzeug	61	34	20	30	4	6
Bohrzeit in Std.	95	30	140	45	217	90
Mech. Geschw. m/h	3,9	9	2,54	6	1,7	3

Tabelle 4

Bohrlast auf Sohle kp	Rel. Erhöhung der Bohrlast	Mechanische Bohrgeschwindigkeit (V_m) und die relative Erhöhung (V_m/V_0) in Gesteinen verschiedener Bohrbarkeit									
		V		VI		VII		VIII		IX	
		V_m	V_m/V_0	V_m	V_m/V_0	V_m	V_m/V_0	V_m	V_m/V_0	V_m	V_m/V_0
500	1	1,32	1	1,26	1	1,2	1	0,98	1	0,5	1
1000	2	2,85	2,16	1,8	1,43	1,6	1,33	1,30	1,33	0,6	1,2
1500	3	4,80	3,64	3,5	2,78	2,08	1,73	1,68	1,72	1,0	1,96
2000	4	6,0	4,55	4,5	3,57	2,5	2,08	1,80	1,84	1,6	2,20
2500	5	6,6	5,0	6,0	4,76	3,0	2,5	2,0	2,04	1,2	2,4
3000	6	6,5	4,9	7,8	6,20	3,6	3,0	2,25	2,30	1,3	2,6
3500	7	6,4	4,85	7,9	6,26	4,8	4,0	2,6	2,65	1,4	2,8
4000	8	6,3	4,76	8,2	6,5	5,1	4,25	3,2	3,27	1,5	3,0
4500	9	6,2	4,70	8,4	6,67	5,2	4,33	3,3	3,37	1,6	3,2
5000	10	6,0	4,55	8,3	6,60	5,3	4,40	3,43	3,47	1,65	3,3

Tabelle 5

Drehzahl in min	Relative Drehzahlerhöhung	Versuchsanlagen									
71	1	1,8	1	1,6	1	1,3	1	1,1	1	0,9	1
153	2,15	4,8	2,67	3,4	2,12	2,6	2,0	1,66	1,51	0,95	1,05
277	3,9	8,0	4,45	5,7	3,46	4,2	3,23	2,1	1,9	1,2	1,33
470	6,6	12,6	7,0	8,4	5,25	4,8	3,7	2,4	2,18	1,5	1,7
		Produktionsbohrungen									
153	–	3,58	–	3,42	–	2,59	–	1,61	–	0,98	–

Aus ihr geht hervor, daß beim Bohren im Argillit und Aleurolit (V. und VI. Bohrbarkeit) mit Dreirollenmeißel die mittlere mechanische Geschwindigkeit mit Erhöhung der Drehzahl linear ansteigt.

In harten, abrasiven und klastischen Gesteinen (Sandstein, Konglomerate) ist die optimale Drehzahl gleich 200—270 min^{-1}. Bei weiterer Erhöhung der Drehzahl steigt die mechanische Geschwindigkeit fast nicht mehr an.

Die vorgegebenen Abhängigkeiten der mechanischen Bohrgeschwindigkeit bei Dreirollenmeißeln von der Bohrlast (bei $n = 153$ min^{-1} und einer Pumpenleistung von 180 l/min) sind in Tab. 4 aufgeführt.

Aus ihr ist ersichtlich, daß die Abhängigkeit der Erhöhung der mechanischen Bohrgeschwindigkeit von der Bohrlast für Schichten der Bohrbarkeit V im Druckbereich 500—2000 kp stark ansteigt, für Gesteine der Bohrbarkeit VI — im Bereich von 1000—3000 kp, für Gesteine der Bohrbarkeit VII bei 2000—3500 kp und der Bohrbarkeit VIII bei 2500—4000 kp. Eine weitere Erhöhung der Bohrlast ohne Änderung anderer Größen des Bohrregimes führt zu einer Verringerung der mechanischen Geschwindigkeit.

Beim Dreirollenmeißel mit den Durchmessern von 97 und 118 mm in harten Gesteinen wird das Bohrklein durch Tonspülung normaler Güte mit 160—180 l/min ausgebracht. In Tonsteinen und im Argillit wird die intensivste Zerstörung der Sohle durch Wasserspülung mit einem Umlauf von 300—500 l/min erreicht.

Beim Bohren in Gesteinen der Bohrbarkeit IV—VI mit Stufenmeißeln bildet sich an der Sohle eine Menge grobkörnigen Schlamms, den die Pumpe vom Typ SIF-R-200/40 nicht auszubringen vermag. Das erklärt sich dadurch, daß beim Bohren mit diesem Meißel eine bedeutend größere Gesteinsmenge zerstört wird als mit der Bohrkrone gleichen Durchmessers. Außerdem hat der Stufenmeißel einen kleineren Austrittsquerschnitt mit entsprechend größerem Widerstand der Spülflüssigkeit.

Versuche mit Spitzmeißeln in Gesteinen der Bohrbarkeit VII und höher haben gezeigt, daß das Bohrklein bei Abmessungen bis 8 mm besser ausgebracht wird bei Spülung des Bohrloches mit guter Tonspülung und einer Pumpenleistung von 160—180 l/min.

Es ergibt sich, daß beim kernlosen Bohren für das rechtzeitige Reinigen der Sohle bei einem Durchmesser von 118—140 mm in weichen und mittelharten Gesteinen ungefähr 300—350 l/min Wasser, in Gesteinen der Bohrbarkeit VII und höher 150—180 l/min gute Tonspülung erforderlich sind.

In Gesteinen höherer Kategorien bewältigt die Pumpe SIF-R-200/40 ausreichend den Austrag des Schmants, in weichen und mittelharten Gesteinen wird die geforderte Pumpenleistung von 300 bis 350 l/min praktisch durch Verwendung zweier Pumpen SIF-R-200/40 verwirklicht.

Beim Bohren mit Meißeln auf glatter Sohle in Gesteinen der Bohrbarkeit IV—IX sind die Bohrgeschwindigkeit, die Meißelstandzeit und auch die mechanische Geschwindigkeit in allen Fällen höher als beim Bohren mit Kronen auf ringförmiger Sohle. Beim kernlosen Bohren nahm die reine Bohrzeit gegenüber den Hilfsoperationen bedeutend zu (Tab. 6).

In Tab. 7 sind Vergleichsdaten der Bohrkosten pro laufender Meter beim kernlosen Bohren und beim Kernbohren aufgestellt.

Wie man aus den Daten ersieht, ergibt das kernlose Bohren eine bedeutende Senkung der Bohrmeterkosten (auf 38—58%) und ein starkes Anwachsen der Arbeitsproduktivität pro „Gerätemonat" (im Mittel mehr als das Doppelte).

Tabelle 6

	Bilanz der Arbeitszeit in %	
	beim kernlosen Bohren	beim Kernbohren
Reine Bohrzeit	57	42
Hilfsoperationen	30	45
Stillstandszeiten	10	8
Havarien	3	5
Gesamt:	100	100

Tabelle 7

Erkundungsbetrieb	Kosten für lfd. m in Rbl. bei verschiedenen Bohrverfahren		Kostensenkung	Produktivität in m im Gerätemonat bei verschiedenen Bohrverfahren		Anwachsen der Produktivität
	kernlos	mit Kern	in %	kernlos	mit Kern	in %
Chalmerjuskajer	260	484	46	450	210	214
Wokutsker	193	346	44	500	215	232
Worgaschorsker	189	305	38	570	200	285
Intinsker	145	327	56	530	215	246
Gesamtdurchschnitt	198	336	41	500	210	238

Auf der Grundlage des dargelegten Materials kann man folgende Schlüsse ziehen:

1. Das kernlose Bohren bei der Erkundung von Lagerstätten nutzbarer Bodenschätze ist fortschrittlich, hochproduktiv und ökonomisch.

2. Der Meißel für das kernlose Bohren hat eine Reihe von Vorzügen gegenüber den Hartmetallbohrkronen.

3. Beim kernlosen Bohren in harten Gesteinen eignet sich am besten der Spitzmeißel wegen seiner bedeutenden Verschleißfestigkeit und der zweimal besseren Produktivität gegenüber dem Dreirollenmeißel.

4. In Gesteinen der Bohrbarkeit IV—VI wurden die besten Kennziffern beim Stufenmeißel erzielt.

5. Tonsteine und Argillit bohrt man rationell mit Dreirollenmeißeln bei hohen Drehzahlen. Sandsteine und Konglomerate teuft man wirksamer mit erhöhtem Sohlendruck (280—350 kp auf 1 cm Meißeldurchmesser) ab. Die Drehzahl hat für diese Gesteine zweitrangige Bedeutung und beträgt 200—250 min^{-1}.

6. Die Menge der Spülflüssigkeit für die rechtzeitige Reinigung der Sohle mit einem Durchmesser von 120 bis 140 mm beim kernlosen Bohren im weichen und mittelharten Gestein soll nicht weniger als 300—350 l/min betragen. Die Pumpe Typ SIF-R-200/40 gewährleistet diese Reinigung bei Anwendung hochwertiger Tonspülung in den Gesteinen mit einer Bohrbarkeit, die nicht geringer als VII ist.

7. Für das erfolgreiche Niederbringen kernloser Bohrungen empfiehlt sich die Verwendung von Schwerstangen.

Besprechungen und Referate

KROTOWA, W. A.

Hydrogeologische Kriterien der Erdölführung

„Gostoptechisdat" (1960); 161 S., 22 Abb., 13 Tab.

Bei der Suche und Erkundung der Erdöllagerstätten wird in zunehmendem Maße die Bedeutung der Hydrogeologie für das Studium von Bildung und Erhaltung der Lagerstätten erkannt. Verf. gibt im ersten Abschnitt ihres Buches einen ausführlichen Überblick über die Entwicklung dieses Wissenszweiges in der Sowjetunion.

Schon bald nach Beginn einer kontrollierten Erdölförderung wurden Besonderheiten des Wassers von Erdöllagerstätten entdeckt und zur Suche neuer Vorkommen benutzt: erhöhte Salinität und Gehalte von Jod und Brom, Fehlen von Sulfationen. N. I. ANDRUSOW (1908) und D. W. GOLUBJATNIKOW (1916) äußerten erstmals Ansichten über die Entstehung der Wässer und die Herkunft der gelösten Komponenten. Die Bedeutung ihrer Erkenntnisse wird jedoch eingeschränkt durch eine noch mangelhafte Technik der Probenahme. Diese Einschränkung gilt auch für einen großen Teil der Arbeiten aus den folgenden Jahren, und selbst in jüngster Zeit bestehen noch erhebliche Schwierigkeiten bei der Entnahme einwandfreier Proben des Schichtwassers. Die Analyse des unverfälschten Schichtwassers bildet aber die Grundlage jeder hydrochemischen Untersuchung. In der Folgezeit wurden neue Gesetzmäßigkeiten erkannt. Das fundamentale Werk W. I. WERNADSKYS „Die Geschichte der natürlichen Wässer" (1933—1936) bestimmt schließlich die Richtung der Entwicklung der sowjetischen Hydrogeologie und besitzt noch heute als theoretische Grundlage der Geochemie des Wassers Geltung. Hauptinhalt der Betrachtungen WERNADSKYS ist die Feststellung eines „dynamischen Gleichgewichts: fester Körper — Wasser — Gas — lebende Substanz", wobei das Wasser infolge seiner großen Beweglichkeit und Verbreitung eine besondere Rolle spielt. Die Untersuchungen W. A. SULINS (1935, 1946, 1948) führten zur noch heute anerkannten „genetischen Klassifikation" der Wässer und zur wissenschaftlichen Begründung der „hydrochemischen Indikatoren der Erdölführung". Seine Trennung in „direkte" (erhöhte Gehalte von Jod und Naphtensäuren) und „indirekte" Anzeichen (Desulfurierung, Brom, Bor u. a.) wird von den Forschern der folgenden Jahre übernommen. Ein Nachteil der Arbeiten ist die Beschränkung auf die Hydrochemie. N. K. IGNATOWITSCH (1944, 1945, 1948) gelangt durch eine genaue Formulierung des Begriffs der „Zonalität unterirdischer Wässer" zur Vereinigung chemischer und dynamischer Eigenschaften des Wasserstroms und zur Verbindung mit dem geologischen Bau des Gebiets. Ausgehend davon, daß alle Besonderheiten des Wassers, welche die Bildung und Erhaltung der Erdöllagerstätten bedingen, eine Folge des geologischen Baus und seiner Geschichte sind, schlägt IGNATOWITSCH eine „hydrogeologische Klassifikation der Strukturelemente" vor und weist auf die Bedeutung paläohydrogeologischer Untersuchungen hin. Bereits 1935 und 1936 schuf W. P. SAWTSCHENKO die theoretischen Grundlagen für die Untersuchung der im Wasser gelösten Gase. M. S. GURJEWITSCH (1948) stellte, trotz noch unzureichenden Materials, zahlreiche Gesetzmäßigkeiten zwischen Chemismus und Gasgehalt fest: Erhöhung des Gasgehalts und der Anteile von Methan, biogenem Stickstoff und Helium bei Verminderung des Sulfatgehalts und in Wässern des Ca–Cl–Na-Types, Anwachsen des Koeffizienten $\frac{He}{Ar}$ bei zunehmender Salinität u. a. M. A. GATALSKY (1951, 1953, 1954) betrachtet den chemischen Bestand des Wassers als Folge dynamischer Prozesse und widmet sich besonders deren Studium. Er unterstreicht die Bedeutung der Paläohydrogeologie beim Studium der Existenzbedingungen von Erdöllagerstätten, formuliert den Begriff „hydrogeologischer Zyklen" und weist auf die Bedeutung fossiler Infiltrationsperioden hin. Seine Monographie über „Unterirdische Wässer und Gase des Paläozoikums im Nordteil der Russischen Plattform" (1954) ist die erste komplexe Untersuchung auf dem Gebiete der Hydrogeologie der Erdöllagerstätten. G. M. SUCHAREW (1951) erkennt einen Zusammenhang zwischen Sulfatgehalt des Wassers und Temperatur, da die Lebenstätigkeit der desulfurierenden Bakterien bei Temperaturen über 70°C stark eingeschränkt ist. A. A. KARZEW (1954) schlägt eine quantitative Charakteristik der Kriterien einer möglichen Erdölführung vor. Dabei betrachtet er den chemischen Bestand des Wassers als Ergebnis der Wechselwirkung des Wassers mit dem Gestein, den Kohlenwasserstoffanhäufungen, den geothermischen Verhältnissen u. a. Bei Untersuchungen der Änderung des Chemismus des Wassers mit zunehmender Entfernung vom Erdöl-Wasser-Kontakt in Plattformgebieten stellt E. E. BELJAKOWA (1956) fest, daß die Ergebnisse der Wechselwirkung Wasser—Lagerstätte in starkem Maße vom „Grad der hydrogeologischen Geschlossenheit der Strukturen" in geologischer Gegenwart und Vergangenheit abhängen und differenziert die hydrochemischen Kriterien.

Ähnliche Ergebnisse erzielte B. B. MITGARZ (1956) bei Untersuchungen in gefalteten Gebieten. Die Arbeiten von E. A. BARS (1958) dienen der Vervollkommnung der „hydrochemischen Oberflächenerkundung" von Kohlenwasserstoff-Lagerstätten, deren Aufgabe es ist, innerhalb der oberflächennahen Wässer die Einwirkung von Tiefenwässern und von Spuren der Wechselwirkung zwischen Erdöl und Wasser zu entdecken. Jeder der letztgenannten Autoren nennt als Ergebnis seiner Untersuchungen ein gutbegründetes Schema „direkter" und „indirekter" Indikatoren einer möglichen Erdölführung.

Der außerordentliche Wert dieses Abschnittes im Buch von W. A. KROTOWA besteht darin, daß nicht nur die Namen der Forscher genannt, sondern auch ihre Methoden und Ergebnisse ausführlich beschrieben werden.

Der zweite Abschnitt des Buchs enthält eine Betrachtung hydrogeologischer Indikatoren der Erdölführung in verschiedenen Plattformgebieten. Große Bedeutung besitzt die Klärung der Herkunft der im Wasser gelösten Salze. Zahlreiche Beobachtungen geben Veranlassung, nicht nur den Sedimentkomplex, sondern auch endogene Faktoren als Quelle einzelner Komponenten (Cl, F, B) zu berücksichtigen. Der unterschiedliche Einfluß geologischer Faktoren auf den Charakter des Wassers ist nicht nur bei Gebieten stark unterschiedlichen geologischen Baus, sondern auch in ähnlich gestalteten bemerkbar. Der Vergleich des Wolga-Ural-Gebietes mit der Sibirischen Plattform und der Westsibirischen Tiefebene ist ein beredtes Beispiel hierfür. Ursachen der Unterschiede sind verschiedenes geologisches Alter, Anwesenheit oder Fehlen regionaler Wasserstauer, Lage der Einzugs- und Quellgebiete u. a. Als Ergebnisse der Untersuchungen werden für das Wolga-Ural-Gebiet folgende positive Kennzeichen der Erdölhöffigkeit genannt: 1. Anwesenheit der Salzschichten des Kungur (als regionaler Wasserstauer; hydrogeologische Geschlossenheit), 2. Sulfatfreiheit des Wassers, 3. hoher Kohlenwasserstoffgehalt im gelösten Gas, 4. erhöhter Ammoniumgehalt.

Als zukünftige Aufgaben der Hydrogeologie von Erdöllagerstätten (3. Abschnitt) bezeichnet W. A. Krotowa nicht nur eine komplexe Betrachtung hydrogeologischer, hydrochemischer, gas-hydrochemischer und mikrobiologischer Faktoren, sondern vor allen Dingen eine bisher vernachlässigte Differenzierung sämtlicher Kriterien für Gebiete unterschiedlichen geologischen Aufbaus. E. Neumann

Tschekaljuk, E. B.

Vorratsberechnung von Erdöl- und Gaslagerstätten auf der Grundlage von Angaben, erhalten mit der piezometrischen Methode

„Neftj. chosj.", H. 11 (1962); S. 43–46, 5 Abb.

Verf. vergleicht die volumetrische und die piezometrische Methode und stellt fest, daß die erstere auf Grund der großen Zahl der zu bestimmenden physikalischen Parameter des Speichers und des damit verbundenen Aufwandes an Feld- und Laboruntersuchungen sowie der dabei zugelassenen Fehler zweckmäßigerweise durch die in der Praxis weit anwendbare piezometrische Methode ersetzbar ist. Die Vorteile der letzteren bestehen darin, daß nur wenige Erkundungsbohrungen notwendig sind und kurzfristig Ergebnisse vorliegen. Zumindest sollten die Resultate der volumetrischen Berechnung damit kontrolliert werden.

Das Prinzip der piezometrischen Methode erfordert zwei Sonden, und zwar wird aus einer der im Abstand R (m) befindlichen Sonden die Menge von Q_0 (m^3/Tag) Öl oder Gas gefördert, während die andere als Beobachtungssonde zur Ermittlung des Sohlendruckes dient, wobei das tägliche Maximum i_M (kg/cm^2) des Sohlendruckabfalls festzustellen ist. In die Berechnung für Gasvorräte (V_{IG}) gehen noch der Schichtdruck P_s (kg/cm^2) und der Kompressibilitätsfaktor z (Abweichung vom Idealgas) ein

$$V_{IG} = \frac{10^4 \cdot Q_0 \cdot P_s}{e \cdot \pi \cdot R^2 \cdot z \cdot i_M} \ (m^3/Jahr)$$

Die Erdölvorräte (V_{IH}) werden nach der Gleichung

$$V_{IH} = \frac{10^4 \cdot Q_0}{e \cdot \pi \cdot R^2 \cdot \beta_H \cdot i_M} - \frac{{}^*\beta_c}{\beta_H} \cdot \frac{h}{\lambda} \cdot 10^4 \quad (m^3/Jahr)$$

ermittelt, wobei λ der Formationsvolumenfaktor, h die effektive Schichtmächtigkeit und $^*\beta_c/\beta_H$ Kompressibilitätskoeffizienten des porösen Mediums und des Lagerstättenerdöls sind. Gewisse Schwierigkeiten bereitet die Bestimmung von β_c und h. Auf Grund der Größenordnungen von β_c (1 bis $2 \cdot 10^{-5}$ cm^2/kg) und β_H (10^{-4} cm^2/kg) ist der Quotient in der Gesamtformel nur unwesentlich, besonders hinsichtlich der Bedeutung von h/λ.

Unter Beachtung der auftretenden Besonderheiten kann die piezometrische Methode prinzipiell auch bei bereits mit zahlreichen Bohrungen untersuchten Exploitationsfeldern angewandt werden.

Nach der theoretischen Begründung der Berechnungsformeln wird auf die Durchführung der Messungen eingegangen. Die Schwierigkeit besteht darin, daß die Meßgröße sehr klein ist, d. h., der Sohlendruckabfall in der Beobachtungssonde weicht in der Regel nur einige hundertstel Atmosphären von dem meist einige hundert Atmosphären betragenden Schichtdruck ab. Die Meßgeräte müssen auf Schwankungen von $\pm 0{,}001$ at sicher reagieren und gegenüber Änderungen von Luftdruck und -temperatur unempfindlich sein. Befinden sich homogene Fluide (Öl, Gas oder Wasser) in der Sonde, kann ein sog. Quecksilberphotopiezograph eingesetzt werden, der Schwankungen von $\pm 0{,}3$ mm Hg-Säule, d. h. $\pm 0{,}0005$ at, erfaßt. Für Trockengasbohrungen und die komplizierten piezometrischen Untersuchungen in Sonden mit mehrphasigem (Flüssigkeit—Gas) oder mehrkomponentigem (Öl—Wasser) Fördermedium werden besondere Anordnungen beschrieben. W. Lange

Die Braunkohle in Dänemark und ihre Bedeutung für die Energiewirtschaft

Die dänischen Braunkohlenlagerstätten befinden sich lt. „Braunkohle", H. 1/1963, im wesentlichen in Mitteljütland südlich von Herning bei Söby und Fishbaek sowie bei Borris, Brande und Nr. Snede. Die Flöze sind entweder an die mittelmiozänen marinen Braunkohlensande zwischen Reinbeker und Hemmoor-Stufe oder an die untermiozänen unteren Braunkohlensande oberhalb der Vierländerstufe gebunden. Die oberen, im Abbau befindlichen Flöze entsprechen damit stratigraphisch etwa den Flözen Frimmersdorf und Morken der rheinischen Braunkohlenformation. Die Braunkohle der älteren Ablagerung ist bei einer Mächtigkeit von z. T. über 3 m bis zu einer Teufe von 220 m nachgewiesen worden. Sie scheidet deshalb für eine wirtschaftliche Nutzung aus. Die Lagerstätten der oberen kohlenführenden Schichten sind Erosionsreste, oft rinnenförmig schmal und wenige hundert Meter lang, mit einem nur geringen Vorrat von einigen 100000 t.

Die bedeutendste liegt rund um den Söby-See. Die mittelmiozäne Braunkohle steht hier in mehrere Flöze aufgegliedert muldenförmig in einer Teufe bis zu 20 m an und enthält folgende Flözpartien:

1 m	„lignit"reiche Kohle	2600 kcal,	6% Asche
1 m	tonhaltiger Sand		
1 m	tonhaltige Kohle	900 kcal,	35% Asche
2,5 m	Kohle	2400 kcal,	8—10% Asche
2 m	sandiger Ton		
1,5 m	Kohle	2000 kcal,	16% Asche

Der Kohleninhalt dieser 3 Flöze beträgt etwa 45 Mill. t.

Bei einem Wassergehalt von 46 bis 50% und einem Aschegehalt von 4 bis 16% beträgt der Heizwert dieser Kohle wie der der gesamten jütländischen Braunkohle etwa 2600 bis 2000 kcal/kg mit Durchschnittswerten von 2200 kcal/kg.

Fishbaek steht vor der Auskohlung. Es war ein größeres geschlossenes Feld mit 25 m Abraum und 5 m Kohle. Borris und Brande liegen in schmalen, mehrere Kilometer langen Erosionsrinnen. Bei einer Kohlenmächtigkeit von 3,5 m beträgt der Abraum hier etwa 10 bis 14 m.

Die gesamten Braunkohlenvorräte Dänemarks wurden zunächst mit 50 Mill. t ausgewiesen, dürften aber wohl etwa 60 Mill. t betragen haben. Von 1933 bis 1961 wurden insgesamt 37,1 Mill. t gefördert. Z. Z. werden die dänischen Braunkohlen überwiegend zur Stromerzeugung verwendet.

Verwendung der Braunkohle 1961

Braunkohlenbriketts	0,12 Mill. t	= 6%
Hausbrand und sonstige Verbraucher	0,28 Mill. t	= 14%
Elektrizitätswerke	1,66 Mill. t	= 80%
insgesamt	2,06 Mill. t	= 100%

Dänemark steht mit der Braunkohle die einzig nennenswerte eigene Primärenergie zur Verfügung. Sie ist mit 6,2% am Gesamtenergieangebot und mit 12,4% am Angebot fester Brennstoffe beteiligt. Da nur wenige große energieintensive Industriebetriebe vorhanden sind, liegt der Energiebedarf pro Kopf der Bevölkerung unter dem anderer westeuropäischer Länder. Dressel

Ikornikowa, N. Ju.

Die Rolle von Chloriden für den hydrothermalen Transport von Metallen bei der Erzbildung (experimentelle Untersuchungen)

„Geol. rudn. mestoroshd.", H. 5 (1962); S. 20–33

Die mit 6 Abbildungen und 10 Tabellen ausgestattete Arbeit enthält Material über die hydrothermale Synthese von Karbonaten und einigen Sulfiden und weist die Fähigkeit hydrothermaler Chlorid-Lösungen nach, bei hohen Temperaturen und Drücken Minerale aufzulösen und deren Komponenten transportieren zu können. Die experimentellen Untersuchungen der Autorin sind von großer Aktualität, da bekanntlich in Flüssigkeitseinschlüssen von Mineralen oder in Aufbereitungskonzentraten (u. a. in Freiberger Zinkblende-Konzentraten) schon mehrfach beachtliche Chlorid-Mengen festgestellt wurden. Das läßt die Vermutung zu, daß Cl-Ionen beim Stofftransport unter hydrothermalen Bedingungen eine große Rolle spielen.

In Autoklaven aus Platin, Titan oder verschiedenen Edelstählen wurden mehrere Versuchsreihen durchgeführt, mit deren Hilfe festgestellt wurde: Einfluß der Korngröße des Ausgangsmaterials ($CaCO_3$) auf seine Kristallisation (Umlagerung) in LiCl-Lösungen verschiedener Konzentration; Einfluß von t und c der Lösung auf die Kristallisation von Kalzit; Einfluß der LiCl-Konzentration der Lösungen auf die Kristallisation von Rhodochrosit; die Bildung von Sphärokobaltit in LiCl-Lösungen mit verschiedenen Gehalten an CO_2 im System $CoCO_3$–$Co(OH)_2$–H_2O–LiCl–CO_2; Löslichkeit, Umlagerung und Kristallisation der Komponenten eines komplexen Pyrrhotin-Erzes in LiCl- und NH_4Cl-Lösungen; Transport von Pbs und SiO_2 in wäßrigen Chlorid-Lösungen u. a. m. Dabei wurde u. a. festgestellt, daß wäßrige Chlorid-Lösungen bei hohen Drücken und Temperaturen zu starken Lösungsmitteln für eine Reihe von Karbonaten und Sulfiden werden, deren Löslichkeit unter normalen p–t-Bedingungen nur geringfügig ist. Bleiglanz, Magnetkies und Blei–Sulfantimonit sind bei erhöhten Temperaturen und Drücken in wäßrigen Lösungen von Na-, Li- und HN_4-Chlorid leicht löslich, und die chemischen Komponenten dieser Minerale werden gleichfalls durch die Chlorid-Lösungen transportiert. Die Löslichkeit der Sulfide und deren Transportierbarkeit erhöhen sich mit zunehmender Konzentration der Lösung und mit steigender Temperatur. E. Harlass

Saposchnikow, D. G. & M. A. Wiselkina

Eine exogene Uranlagerstätte, die an buntgefärbte kontinentale Schichten gebunden ist

„Geol. rudn. mestoroshd.", H. 3 (1962); S. 22–42

Die in dieser Arbeit beschriebene Uranlagerstätte ist an einen Komplex neogener terrestrischer Gesteine gebunden, die sich unter kontinentalen Bedingungen in einer ariden Klimazone ablagerten. Die neogenen Gesteine liegen konkordant auf älteren paläozoischen Schichten und bilden einen breiten NE–SW verlaufenden Gürtel; sie weisen (von unten nach oben) folgendes charakteristisches Profil auf:

Salinar-Serie: Vorwiegend Tone mit mächtigen Schichten und Linsen von Steinsalz, Gips und Anhydrit.

Gips-Serie: Rötlich oder grünlich gefärbte Tone und Sandsteine mit dünneren Gips- und Anhydritlagen.

Feinschichtige Serie: Wechsellagerung von feinschichtigen Sandsteinen, Aleuroliten und Tonen.

Grobschichtige Serie: Miteinander wechsellagernde Sandsteine, Aleurolite und Tone mit Schichtmächtigkeiten von mehreren Metern. (Durch Zahnfund von *Elephas meridionalis* Nesti als Oberpliozän bestimmt.)

Übergangsserie: Rotgefärbte wechsellagernde Sandsteine, Tone und Aleurolite mit feinen Kalksteinlagen, an die Uranminerale gebunden sind.

Deckserie: Hauptsächlich Sandsteine und lößartige Lehme.

Die Uranvererzung ist an Sandstein-, Mergel- und Kalklagen der oberen Teile der grobschichtigen Serie und der unteren Teile der Übergangsserie gebunden.

Nach einer ausführlichen Beschreibung der lithologischen Verhältnisse werden die Art der Vererzung, die Lagerungsverhältnisse der erzführenden Schichten, tektonische Gegebenheiten und der Chemismus unterirdischer Wässer innerhalb des Lagerstättenbereichs eingehend besprochen.

Es treten drei Erztypen auf: primäre Uranschwärze, umgelagerte Uranschwärze und in der Oxydationszone Uran-Vanadium-Erze vom Carnotit-Typ.

Umgelagerte Uranschwärze-Erze herrschen auf der Lagerstätte vor. Es sind gewöhnlich Sandsteine oder sandig-aleurolitische Gesteine. Die Erzminerale sind auf Bereiche mit Pflanzenresten konzentriert. Es ist eine deutliche Beziehung der umgelagerten Erze zu tektonischen Störungen festzustellen.

Die Form der Erzkörper ist sehr wechselhaft: Die primären Uranschwärze-Erze bilden in der Regel auskeilende Schichten und Linsen. Für die umgelagerten Uranschwärze-Erze und die Uran-Vanadium-Erze sind vor allem nesterartige und linsenartige Formen typisch. Die festgestellten Erzminerale der einzelnen Erztypen und die Art ihrer Verteilung im Gestein werden näher beschrieben und durch Mikrophotos und Profilskizzen erläutert. E. Harlass

Nomikossow, J. P.

Der Einfluß der Auftriebsgeschwindigkeit des Spülungsstromes auf die Wasserdurchlässigkeit und Dichte der Tonkruste

„Neftj. chosj.", H. 9 (1962); S. 10–16

Während des Bohrens ist ein größerer Verbrauch an Tonmehl und Wasser zu verzeichnen als beim Stillstand, d. h., die dynamische Filtration ist größer als die statische. Bei der statischen Filtration verdickt sich die Kruste bis zu einer gewissen Grenze, nach einer bestimmten Zeit behält sie ihre Dicke. Die Dichte der äußersten Schicht (Übergang) nähert sich der Dichte der Kruste. Bei der dynamischen Filtration ist zuerst ein großer Wasserverlust zu bemerken, der geringer wird, aber nicht gänzlich aufhört, da die Kruste abgespült wird. Dieser Zustand wird dynamisches Gleichgewicht genannt. Während der dynamischen Filtration ist die Dichte der oberen Schicht immer höher als die Dichte der Spülung. Bei höherer Umlaufgeschwindigkeit ist die Kruste dünn, um so größer ist dabei die Filtration.

Die Ergebnisse wurden vom Verf. mittels einer speziellen Apparatur gefunden. Sie besteht aus einer Kreiselpumpe, einem E-Motor und einer Saugleitung. Die Spülung wird durch einen perforierten Stahlzylinder, der mit Gips belegt ist, gedrückt. Der Gips ist porös, und so kann das Filtrat durch einen Hahn nach jeweils 30 Minuten abgelassen werden. Die Messungen werden so lange durchgeführt, bis die Menge des Filtrats gleichmäßig bleibt. Der Zylinder ist auswechselbar, so daß dann die Krustendicke gemessen werden kann. Die Spülungsqualität ist gleichbleibend (1,18–19–32,5–4). Es lassen sich verschiedene Umlaufgeschwindigkeiten bei einem Druck von 1 atü einstellen.

Anhand von Prinzipskizzen, Kurven und Photographien werden die Apparatur und die Meßergebnisse erläutert.

B. Heyne

Zechenter, J.

Zementieren der Bohrlöcher mit Gelzement

„Nafta", Nr. 5 (1962); S. 123–125 (poln.)

Bei Verwendung normaler Zementschlämme ($W:Z = 0{,}5$, spez. Gewicht 1,83 g/cm³) zur Zementation von Bohrlöchern wurden nicht immer die gewünschten Resultate erzielt, vor allem in Formationen mit niedrigem Lagerstättendruck oder großer Permeabilität. Zur Verringerung des spezifischen Gewichts und zur Verbesserung der Eigenschaften der Zementschlämme setzte man 2–8% Bentonit zu. Schwierigkeiten können sich lediglich durch zu niedrige Festigkeiten des Zements ergeben. Der Bentonit wird zu einer wäßrigen Suspension angerührt und zum Zeitpunkt des größten Quellvermögens dem Zement zugegeben. Das spezifische Gewicht konnte auf 1,5 g/cm³ erniedrigt, die Wasserabgabe und Sedimentation konnten verringert und die Abbindezeiten geringfügig verlängert werden. Bei mehr als 40 Zementationen der $6^5/_8$"-Produktionsrohrtour erzielte man gute Abdichtungsergebnisse. K. Schulze

Stiegler, W.

Baugrundlehre für Ingenieure

Werner-Verlag, Düsseldorf 1962; 160 S., 83 Abb. u. 32 Lehrbeispiele, ungekürzte Studentenausgabe, 24,– DM

Das Buch gliedert sich in zwei große Kapitel:
I. „Bodenmechanik" und
II. „Erdstatik".

Im Teil I wird ein Überblick über die Bodenmechanik gegeben. In ansprechender Form ist an Lehrbeispielen ausgeführt, was man darüber wissen sollte. Tabellen und graphische Darstellungen erhöhen die Übersichtlichkeit dieses Abschnittes.

Es ist aber angebracht, auch auf die in diesem Kapitel ent haltenen Mängel hinzuweisen, die teils die geologische, teils die bodenphysikalische Seite berühren. Eine Beratung mit dem Geologen für diesen Abschnitt wäre sehr zweckmäßig gewesen. Es sei nur auf einige Unzulänglichkeiten hingewiesen: Zum Beispiel auf Seite 13: ,,Von untergeordneter Bedeutung sind Böden mit größeren Beimengungen organischen Ursprungs...". ,,Organische Böden" stellen immer einen sehr problematischen Baugrund dar! Oder auf Seite 15: ,,Schluff, der durch Kalk verkittet ist, heißt ‚Löß' und ‚Böden' mit geringem Kalkgehalt bezeichnet man als Schlamm- oder Wiesenkalk."(!) Hierzu gibt es weitere Beispiele. Vom Abschnitt 4 an werden die Kennwerte behandelt, die im Laboratorium festgestellt werden. Die Gliederung in

a) Begriffsbestimmung,
b) kurze Versuchsbeschreibung mit mathematisch-statischen Grundlagen,
c) Zahlenwerte, Größenordnungen, Beispiele und
d) Bedeutung für die Baupraxis

ist sehr anschaulich.

Die auf der Seite 51 gemachten Ausführungen über das Grundwasser enthalten leider eine Reihe unklarer und unrichtiger Bezeichnungen (z. B. Grundwasseradern — Grundwasserströmung). Auf der Seite 57 ist zu lesen: ,,Geologische und Baugrundkarten geben einen ersten, allerdings nur großräumigen Überblick ..." Dieser Feststellung kann unter keinen Umständen zugestimmt werden, da genügend Beispiele vorliegen, wo solche Karten sehr genaue Aussagen über ein Baugelände erbracht haben.

Das Kapitel II behandelt dann die Erdstatik. Hier wird in ansprechender Form auf alle die Probleme eingegangen, die der Ingenieur, der sich mit Gründungen beschäftigt, wissen sollte. Es werden ausführliche Darstellungen über zulässige Bodenpressung und Setzungsberechnungen gegeben. Den Abschluß bildet der Abschnitt ,,Standsicherheit von Böschungen". Das Buch wird sicher Ratgeber für viele in der Praxis Tätige sein. Die Ausstattung des Buches ist gut.

G. Bachmann

Anonym

Upper Mantle Project

,,Canad. Min. Journal", Mai 1962, S. 50—53

In der Arbeit wird die Beteiligung Kanadas an dem bekannten internationalen Projekt zum Studium der Erdkruste (Januar 1962 bis Dezember 1964) dargelegt. An dem Programm arbeiten verschiedene kanadische Universitäten, Institutionen und wissenschaftliche Gremien mit; die finanzielle Beteiligung Kanadas während der dreijährigen Untersuchungsperiode wird drei Millionen Dollar betragen. Zur Leitung und Kontrolle aller Arbeiten wurde ein ,,Scientific Committee of the Upper Mantle" gegründet.

Es sind zwei Formen der wissenschaftlichen Mitarbeit am Projekt der Internationalen Union für Geodäsie und Geophysik vorgesehen: a) direkte geologische Beobachtungen; vor allem in Gebieten, die als ,,Fenster" in der Erdkruste betrachtet werden können; b) indirekte Untersuchungen der Krusten- und Mantelstrukturen durch geophysikalische Arbeiten.

Durch den Geological Survey of Canada wurde ein 4-Punkte-Programm ausgearbeitet:

1. Detaillierte petrologische, chemische, mineralogische und isotopenchemische Studien an bestimmten großen Intrusivkomplexen, die aus Material des Mantels zusammengesetzt sind.

2. Mit Hilfe zweier 10000-foot-Bohrlöcher in der Muskox Intrusion (NW-Territorium) und im Raum des Mount Albert (Caspe/Quebec) sollen nicht an der Oberfläche anstehende Gesteine und deren Veränderungen nach der Tiefe zu untersucht werden. Die Resultate hofft man auf bisher nicht erreichte Tiefen extrapolieren zu können.

3. Die Zusammenstellung einer tektonischen Karte von Kanada soll beschleunigt und baldigst abgeschlossen werden. Diese Karte soll neue Gesichtspunkte über die hauptsächlichen geologischen Strukturen Kanadas erbringen und die Beschaffenheit der Erdkruste widerspiegeln.

4. Zur Untersuchung der Mantel- und Krustenstruktur sollen in verstärktem Umfang Studien der Paläomagnetik und der sog. fossilen Magnetik durchgeführt werden. Mit Hilfe dieser Studien sollen u. a. Fragen der Polwanderung und der Kontinentaldrift geklärt werden.

Von geophysikalischer Seite sind im Rahmen des Upper Mantle Project seismologische, gravimetrische und geothermische Untersuchungen vorgesehen. Die seismologischen Forschungen sollen einmal mit Hilfe eines weitmaschigen Stationsnetzes (Abstand von 500 miles) zur Untersuchung von Erdbebenwellen und andrerseits mittels explosionsseismischer Bestimmungen der Krustenmächtigkeit durchgeführt werden.

Das seismische Stationsnetz soll 30 Stationen mit einer besonderen Standardausrüstung umfassen. Dazu ist die Einrichtung mehrerer neuer Stationen in verschiedenen Provinzen notwendig. Zur Ergänzung dieser Beobachtungen sind noch zwei Geländetrupps auf der Vancouver-Insel an der Pazifikküste und im polaren Kontinentalschelf tätig.

In zahlreichen Bohrlöchern innerhalb ultrabasischer und granitischer Gesteine sowie in Meteorkratern sind außerdem detaillierte geothermische Messungen geplant. Mit Hilfe der Gravimetrie sollen regionale Studien zur Untersuchung der Mächtigkeitsschwankungen der Erdkruste getrieben und lokale geologische Strukturen eingehender erforscht werden.

In Verbindung damit hofft man, neue Angaben über Pulsationsbewegungen (Gezeitenwirkung) und Elastizitätseigenschaften der Erdkruste zu erhalten.

E. Harlass

Louis, H.

Allgemeine Geomorphologie (Lehrbuch der allgemeinen Geographie, hrsgg. von E. Obst, Bd. I)

Walter de Gruyter & Co, Berlin 1961; 2. Aufl., 355 S., 100 Fig., 98 Bild., 2 Kart.

Bereits ein Jahr nach dem Erscheinen der Erstauflage kommt dieses dem Gesamtbereich der Geomorphologie geltende Lehrbuch des Münchener Geographen in zweiter Auflage heraus. Dies beweist einmal, daß Werke dieser Art, die den Fortschritten der letzten Jahrzehnte in der geomorphologischen Wissenschaft gerecht werden, einem Bedürfnis entgegenkommen, und spricht ferner für die Qualität des Buchs. Auf Ergänzungen oder Neubearbeitung mußte der Verf. dieser Schnelligkeit wegen verzichten. Ein Hauptvorzug des Buchs besteht darin, daß der Verf. weit mehr, als dies bei älteren Lehrbüchern der Fall war, über eine rein beschreibende Geomorphologie hinausgeht und im kleinen wie im großen stets die Genese der Erscheinungen untersucht, wobei er sich mit abweichenden Deutungen auseinandersetzt. Dies bedeutet eine oft weitgehende Einbeziehung des Geologischen. Diese wird besonders in dem ersten Hauptabschnitt notwendig, der den ,,Größtformen der Erdoberfläche", den Kontinentaltafeln, Schelfen, Ozeanböden, mobilen Zonen und den tektonischen Hauptstrukturtypen gewidmet ist. So gewinnt Louis eine tragfähige Basis für die ,,Geomorphologie im engeren Sinne", die nach seiner Definition die von den Beziehungen zwischen der Erdoberfläche und ihrem Untergrunde ausgehende ,,Wissenschaft von der feineren Ausgestaltung der Formen der festen Erdoberfläche" ist. Weniger tragfähig wird die Basis allerdings, wenn der Verf. (S. 7) aus den (ohne Zweifel nur marginal vorkommenden) Inselbögen die Schlußfolgerung zieht, ,,daß die Formengemeinschaft des Kettenreliefs sowohl der Kontinentaltafel wie dem Ozeanboden angehört".

Sehr zugute kommt es den Darstellungen des Verf., daß er dem klimageomorphologischen Gesichtspunkt großes Gewicht beilegt und die unterschiedlichen Wirkungen derselben Faktoren in verschiedenen Klimazonen ursächlich klärt. Das wird um so aufschlußreicher, wo wie in Mitteleuropa der heutige Formenschatz nicht unter dem heutigen, sondern unter einem völlig anderen Vorzeitklima wesentliche Züge seiner Prägung erhalten hat; wenn auch, wie der Verf. anmerkt und berücksichtigt, ein Lehrbuch besser mit einem unter einheitlichem Makroklima geprägten Relieftypus beginnt.

Die ausführlichste, am meisten ins einzelne gehende und aus Eigenerfahrungen schöpfende Behandlung wird den rd. 100 Seiten umfassenden Kapiteln über die mannigfachen

Formen der Denudation zuteil, wobei wiederum die Abhängigkeiten der verschiedenen Reliefformen von Klima, Struktur und Tektonik jeweils hervorgehoben werden. Es folgen in knapperen, z. T. sehr auf das Wesentlichste beschränkten Zusammenfassungen die Kapitel über glaziale Formen, Wüstenformen, Küstenformen, die Morphologie des Meeresbodens sowie die Formengesellschaften vulkanischen Ursprungs.

Es ist zu begrüßen, daß der Verf. abschließend auch den geomorphologischen Wirkungen des Menschen einige recht interessante Seiten widmet. Er stellt u. a. fest, daß die Materialentnahme allein in den großen Steinbrüchen Europas für das letzte Jahrhundert auf 10 bis 15 km³ kommt, was beinahe der fluvialen Abtragung in Europa in der gleichen Zeit entspricht, und daß ferner durch Tagebaue mindestens 1000, wahrscheinlich mehrere tausend km² Erdoberfläche in eine künstliche Abtragungsfläche verwandelt wurden. Auch die Bodenzerstörungen durch unzweckmäßige Bewirtschaftung bzw. die Schädigung des natürlichen Pflanzenkleides der Erde werden erörtert.

Die reiche Ausstattung des Buchs mit instruktiven zeichnerischen Darstellungen und der umfangreiche Bilderteil sind hervorzuheben. Gegenüber der sonst ausgiebigen Berücksichtigung der Arbeiten von Fachkollegen fällt auf, daß das 1958 unter dem Titel „Die Oberflächenformen des festen Landes" in Leipzig erschienene geomorphologische Lehrbuch von HANS WEBER zwar im Literaturverzeichnis genannt ist, im Text aber mit keiner Zeile Erwähnung findet.

H. HAVEMANN

Neuerscheinungen und Literaturhinweise

Autorenkollektiv
Geologie und Ausbeutung der Erdöllagerstätten
Gostoptechisdat, Moskau 1962. – 225 S.

JASENEW, B.
Direkte geochemische Methoden zum Aufsuchen von Erdöl und Erdgas
Gostoptechisdat, Moskau 1962. – 57 S.

BEUS, A.
Beryllium, seine Erze, und wie man sie sucht
Gosgeoltechisdat, Moskau 1960. – 26 S.

EGEL, L.
Die Erze der Schwarz-, Bunt- und seltenen Metalle und ihre industrielle Bedeutung
Gosgortechisdat, Moskau 1962. – 199 S.

GERMAN-RUSAKOWA, L. D.
Die Migration der Elemente in der Oxydationszone der Bljawinsker Kupferkieslagerstätte im Südural
Verl. AN SSSR, Moskau 1962. – 126 S.

IZIKSON, G.
Hydrothermale Nebengesteinsveränderungen der Zinnerzlagerstätte im Malyj Chingang
Gosgeoltechisdat, Moskau 1956. – 133 S.

W.

Nachrichten und Informationen

Erdöl/Erdgas

Das Gasaufkommen in Westdeutschland 1961

Über das Gasaufkommen in Westdeutschland 1960 und 1961 wird in „Erdöl und Kohle", Nr. 12 (1962), S. 1019, folgender Überblick gegeben:

	1960		1961		% Änderung
	Mill. Nm³	%	Mill. Nm³	%	
Aus Kohle erzeugtes Gas der Kokereien und Gaswerke	23362	42,3	23191	42,7	– 0,7
NM-Gase	6648	12,0	7678	14,1	+ 15,5
Generatorgas	6197	11,2	5652	10,4	– 8,8
Gichtgas	18443	33,4	17289	31,8	– 6,3
Sonstige Gase	579	1,1	554	1,0	– 4,3
Gesamt	55229	100,0	54364	100,0	– 1,6

—Ha—

Erdöl- und Erdgasförderung 1962 in Westdeutschland

Die westdeutsche Erdölförderung betrug 1962 6776353 t. Die Produktionszunahme um 571895 t = 9,2% war geringer als im Vorjahr (1961: 12,2%). Über die Förderung und Produktionszunahme in den einzelnen Gebieten gibt „Erdöl und Kohle", Jan. 1963, Nr. 1, folgenden Überblick:

	Förderung in t		Zunahme 1962 in %	Anteil an Gesamtförderung 1962 in %
	1961	1962		
Nördlich der Elbe	592537	743909	25,5	11,0
Zwischen Elbe und Weser	2125131	2209409	4,0	32,6
Zwischen Weser und Ems	1582087	1624141	2,7	24,0
Westlich der Ems	1540997	1772276	15,0	26,1
Oberrheintal	217263	235408	8,4	3,5
Alpenvorland	146443	191210	30,6	2,8
Gesamtförderung	6204458	6776353	9,2	100,0

Die Erdgasförderung stieg um 135 Mill. Nm³ = 28,1% und erreichte 616,5 Mill. Nm³. Sie betrug im einzelnen (in 1000 Nm³):

	1961	1962
Zwischen Elbe und Weser	18762	24251
Zwischen Weser und Ems	143151	142172
Westlich der Ems	128785	171962
Oberrheintal	73304	70974
Alpenvorland	28032	39862
Gesamtförderung	481232	616492
Die durchschnittliche Tagesförderung betrug		
bei Erdöl (t)	16999	18565
bei Erdgas (Nm³)	1318444	1689019
Die Bohrleistungen betrugen in m		
Aufschlußbohrungen	122042,60	112052,80
Erweiterungsbohrungen	90159,20	92345,00
Produktionsbohrungen	354113,90	290315,80
Hilfsbohrungen	10116,10	9419,40
Tiefbohrungen insgesamt	576431,80	504133,00

—Ha—

Die wachsende Erdölindustrie Westdeutschlands

In Westdeutschland führte der in den letzten Jahren erheblich angestiegene Erdölbedarf zu einer starken Expansion der Erdölindustrie. Da die inländischen Vorräte relativ gering sind, stieg die Einfuhr rasch an, wodurch die internationalen Konzerne mehr und mehr an Einfluß gewannen. Die Eigenproduktion konnte von 1950 bis 1960 (nach „Montan-Archiv", Nr. 96, vom 4. 12. 1962) zwar von 1,1 auf 5,5 Mill. t jährlich emporgetrieben werden, die Rohölimporte stiegen jedoch von 2,2 auf 23,3 Mill. t. Die Eigenproduktion liegt zu 99% in der Hand von sieben großen Gesellschaften, voran die Gewerkschaft Elwerath mit 27%, die jedoch zu 34% der Wintershall AG gehört, die selbst 16% produziert, während auf 22 kleine Unternehmen nur zusammen 1,1% entfallen. Sprunghaft angestiegen ist die Kapazität der westdeutschen Raffinerien, und zwar von 4 Mill. t (1950) auf 42,5 Mill. t (1961), wobei der Rohöldurchsatz infolge des Nachhinkens der neuen Inbetriebnahmen mit einem Anstieg von 3 bis 35 Mill. t nachfolgte. Die fünf westdeutschen Tochtergesellschaften internationaler Konzerne beherrschen

55% der Rohölverarbeitung (zwei von ihnen besitzen eigene Reedereien) und verarbeiten größtenteils Importöl, während auf die vier größten westdeutschen Gesellschaften 30% entfallen. —Ha—

Die Ölschiefer der Green-River-Formation

Die Ölschiefervorkommen der Welt, die nach neueren Schätzungen ein Vielfaches der in den sonstigen Vorkommen vorhandenen Erdölvorräte enthalten sollen, finden als die Reservoire der Zukunft wachsendes Interesse. In der VR China und in der UdSSR wird die Förderung bereits in großem Umfang betrieben, in der kapitalistischen Welt, insbesondere den USA, ist sie noch kaum in Angriff genommen. Über die Ölschiefer der Green-River-Formation in den Staaten Colorado, Utah und Wyoming werden in „Min. Indust. Bull.", 5 (1962), H. 3, 1—16, neue Untersuchungsergebnisse mitgeteilt. Es handelt sich um eine Formation des Eozäns, die auf einer Fläche von 42500 km² nachgewiesen wurde und aus limnischen Bildungen mit eingeschalteten fluviatilen Ablagerungen im Piceance-, im Uinta- und dem Green-River-Becken besteht. Die reichsten Schiefer sind die der Mahogany-Zone, die im zentralen Teil des Piceance-Beckens eine Mächtigkeit von 33,6 m haben. Mehr als die Hälfte dieser Schicht soll durchschnittlich 150 l Öl/t Schiefer enthalten. Im Randbereich des Beckens, wo die Mächtigkeit geringer wird, betragen die Ölgehalte 106 l/t Schiefer. Ein nur 1 bis 3 m mächtiger Horizont innerhalb der Mahogany-Zone soll 246 l Öl/t Schiefer enthalten und für den Abbau besonders günstig gelagert sein. Etwa 50 Mineralien mit Au, Ag, Pr, Cr, Cu, Pb, Ti in Form von Spurenelementen wurden in der Formation nachgewiesen. In einem nur wenige Zentimeter mächtigen Streifen sind 0,019% Uran und 12,9% P_2O_3 enthalten. —Ha—

Die Reinigung der Abwässer von Erdölraffinerien

Eine möglichst gründliche Reinigung der Abwässer der Mineralölverarbeitung, bevor diese in den Vorfluter und damit in einen Flußlauf gelangen, ist eine Forderung, die immer dringlicher wird. Die Schwierigkeit des Problems besteht darin, daß zwar die wasserunlöslichen Ölanteile durch Schwereabscheider und chemische Flockungsvorgänge ausgeschieden werden können, die wasserlöslichen Substanzen wie Phenole, Thiophenole und Karbonsäuren jedoch nur durch biologischen Abbau mit Hilfe von Bakterien zu beseitigen sind. Über ein Verfahren, das in einer kürzlich in Betrieb genommenen Großanlage auf dem Gelände der Raffinerie Hamburg-Harburg angewandt wird, berichtet die Zeitschrift „Erdöl", Okt. 1962, S. 614. In Sammeltanks findet zunächst eine geringe Abscheidung von Mineralölanteilen statt, die der Fabrikation wieder zugeleitet werden. In der ersten Reinigungsstufe (Parallelplattenabscheider) wird der Ölgehalt auf 30—70 mg/l reduziert. In der zweiten Stufe wird er durch Adsorption an Eisenhydroxydflocken auf ein Minimum gebracht. In der dritten Stufe geschieht in einem Aeroakzelerator, in dem die noch Phenole und Karbonsäuren enthaltenden Wässer 3—4 Stunden bleiben, der biologische Abbau. Schließlich bewirkt ein Zyklator eine zusätzliche Reinigung des Abwassers von mitgerissenem biologischem Schlamm. Dieser wird wiederum im Schmierölwerk durch ein Heißfiltrationsverfahren verwertet. —Ha—

Kohle

Die zunehmende Braunkohlenförderung der Welt

Die Braunkohlenförderung der Welt ist in den vergangenen Jahrzehnten weit stärker gestiegen als die Steinkohlenförderung. Die Gründe dafür sind einmal darin zu suchen, daß mit der zunehmenden Industrialisierung auf die Dauer kein Brennstoff ungenutzt bleiben kann. In mehreren Staaten begann man erst mit der Ausbeutung der Vorräte. In der UdSSR, wo überdies bedeutende neue Lagerstätten entdeckt wurden, wurde die Förderung außerordentlich gesteigert. Nur die USA haben ihre Braunkohlenvorräte noch kaum in Angriff genommen, da die Abbaubedingungen für die reichen Steinkohlenlagerstätten dort besonders günstig sind. In der „Bergfreiheit", Essen, Nr. 4, 1962, wird über die Braunkohlenförderung der Welt in den letzten Jahren folgender Überblick gegeben:

	1960 (Mill. t)	Weltanteil in %	1961 (Mill. t)	Weltanteil in %
DDR	225,47	35,1	237,0	36,0
Westdeutschland	97,5	15,1	97,2	14,7
ČSSR	56,4	8,8	64,8	9,9
UdSSR	143,0	22,2	129,5	19,6
Europa ohne UdSSR	473,0	73,7	501,8	76,2
Welt	644,0	100,0	659,5	100,0

Der Anteil der DDR an der Weltbraunkohlenförderung beträgt mithin mehr als ein Drittel. Die ČSSR, die früher nach den beiden deutschen Staaten an dritter Stelle stand, wurde von der UdSSR in der Braunkohlenförderung weit überholt. Betreffs der Vorräte an Braunkohlen steht die UdSSR den Schätzungen nach mit etwa 3000 Mrd. t überragend an erster Stelle, während die USA bei 420 Mrd. t verblieben. Bei der UdSSR kommen noch 474 Mrd t Glanzkohle hinzu. —Ha—

Der Kohlenbergbau in der Türkei

Die türkische Kohlenwirtschaft basiert in erster Linie auf der Förderung von Steinkohle in den Gebieten von Eregli und Zonguldak am Schwarzen Meer und der Förderung von Braunkohle, deren Hauptlagerstätten bei Kütahya und Balikesir, bei Bandirma, Bolu, in der Nähe von Istambul am Marmarameer, in der Provinz Tekirdag und in der Osttürkei bei Erzerum und Samsun liegen.

Die Vorräte an Steinkohle werden insgesamt auf etwa 1,3 Mrd. t geschätzt. Die Kohle ist in 20 im einzelnen bis zu 3 m mächtigen Flözen abgelagert, führt 27 bis 40% flüchtige Bestandteile und besitzt einen Heizwert von durchschnittlich 7000 kcal/kg. Sie ist recht aschenreich. Die Jahresförderung liegt bei durchschnittlich 6,3 Mill. t. Die beiden Gruben des Zonguldakbeckens Eregli und Armutcuk sind Eigentum des türkischen Staates. Von der Produktion der staatlichen Steinkohlengruben wurden 1961 u. a. je etwa 25% an Kraftwerke und die Bahnen, 20% an das Stahlwerk Karabük und knapp 10% an Kleinverbraucher und als Hausbrand geliefert.

Auch die Braunkohlenförderung ist zu einem großen Teil staatlich. 1960 betrug die Gesamtförderung an Braunkohle 3,8 Mill. t. Während etwa 60% der Förderung aus den vier wichtigsten staatlichen Gruben stammen, verteilt sich der Rest auf eine große Anzahl privater Braunkohlengruben. Nur etwa 20% der Braunkohlenförderung entstammt Tagebauen. Insgesamt werden die Braunkohlenvorräte auf etwa 1,5 Mrd. t geschätzt. Der Heizwert der Kohle allgemein liegt relativ hoch und beträgt bei einem Wassergehalt von 18% und einem Aschengehalt bis 17% etwa 4000 kcal/kg. Bei Tavsanli—Tunbilec befindet sich ein Tagebau, in dem aschenreiche Kohle mit einem Heizwert von 2600 bis 3500 kcal/kg bei Wassergehalten zwischen 10 und 18% sowie Aschengehalten von 30 bis 35% gewonnen wird. Diese Kohle ist die Brennstoffgrundlage für das Kraftwerk Tunbilec. Die Braunkohle der Grube Seytöme weist bei einem Wassergehalt von 43% und 15% Asche einen Heizwert von 2500 kcal/kg auf und dient u. a. als Energie- und Rohstoffbasis für das Düngemittelwerk in Kütahya. —s—

Verfahren zur Entnahme von Flözproben

Lagerstättenarchive stützen sich hauptsächlich auf geologische und makropetrographische Ausmessungen der Flöze und auf rohstoffliche Untersuchungen von Schlitzproben. Die sorgfältige Gewinnung von Säulenproben dauert lange, daher wird dieses Verfahren nur selten angewandt und beschränkt sich auf wissenschaftliche Sonderuntersuchungen.

In einer Patentschrift wird nun über eine neue Methode berichtet, wie auf einfache und schnelle Weise Flözproben entnommen werden können: Auf den möglichst glatt gehauenen Stoß des Flözes wird in der gewünschten Breite und Länge eine kalthärtende Kunstharzmasse aufgetragen. Nach dem Aushärten des Kunstharzes wird das an ihm haftende Mineral mit der ausgehärteten Kunstharzmasse ausgebrochen. Da für die Untersuchung von Flözen mit einer Schichthöhe von 1 bis 1,5 m eine geschlossene Entnahme über die gesamte Höhe infolge der Unhandlichkeit solcher Proben unerwünscht ist, nimmt man zweckmäßigerweise die Bearbeitung in zwei Hälften vor. Die Sichtfläche des Flözes wird zur Vorbereitung der Entnahme möglichst glatt gehalten, dann wird die Kunstharzmasse bis zur Oberflächenglätte in der gewünschten Breite aufgetragen. Zweckmäßig wird die Masse aufgespachtelt. Die Kunstharzmasse muß eine solche Menge Beschleuniger und Katalysatoren enthalten, daß sie in der Kälte nach ungefähr 10—15 min aushärtet. Es eignen sich hierzu Kunstharzmassen auf Basis von Epoxydharzen oder Polyesterharzen. Zur mechanischen Verstärkung ist es vorteilhaft, Kunstharzmassen zu verwenden, die Faserstoffe, vorzugsweise Glasfasern, Asbestfasern oder Textilfasern, in Mengen zwischen 10—60% enthalten.

Um die Entnahme der Flözprobe zu erleichtern und deren mechanische Festigkeit zu erhöhen, ist es vorteilhaft, wenn die ausgehärtete Kunstharzmasse mit einem kalthärtenden Kunstharzlack überstrichen, darauf ein Glasseidengewebe gelegt, dieses mit einem kalthärtenden Kunstharzlack überstrichen und nach Aushärten dieses Kunstharzlackes die Probe aus dem Stoß des Flözes gebrochen wird.

Die Entnahme einer Flözprobe nach dem neuen Verfahren dauert insgesamt nicht mehr als etwa eine Stunde. Von besonderem Vorteil ist, daß Proben auch von verhältnismäßig brüchigen Flözen genommen werden können. Es ist sogar möglich, gelöste Trennflächen einwandfrei auszumessen, da die Bettung sehr fest erhärtet und das Mineral fest an der Deckung haftet.

DBP.-Anm.: 1139451. H. FRIEDEMANN

Erze

Die großen Eisenerzfunde in Australien

Während Australien noch vor einem Jahrzehnt im wesentlichen auf die Eisenerzlager der „Eisenberge“ in Südaustralien angewiesen war, aus deren Produktion der mit der zunehmenden Industrialisierung wachsende Bedarf nicht mehr lange hätte gedeckt werden können, hat sich das Bild grundlegend geändert, seitdem sich erwiesen hat, daß die bereits bekannten Vorkommen in West- und Nordwestaustralien z. T. viel umfangreicher sind, als man früher annahm, und neuentdeckte, möglicherweise noch bedeutendere Vorkommen dort hinzugekommen sind. Auch im Nordterritorium und in Tasmanien sollen größere Vorkommen entdeckt worden sein, die jedoch noch zu wenig erkundet sind, um geschätzt werden zu können.

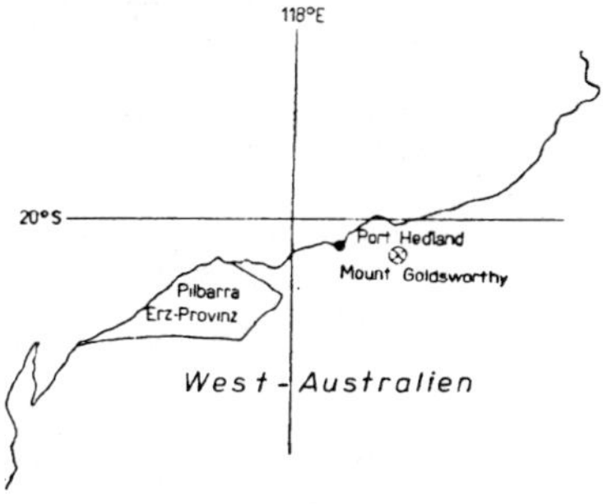

Abb. Die Eisenerzgebiete an der Nordwestküste von Australien

In Westaustralien war das größte in Abbau befindliche Vorkommen bisher das von Yampi Sound an der Nordwestküste, wo 1960 bereits 536713 t Erz gefördert wurden. Bei Koolyanobbing (175 km westlich von Kalgoorlie), das 1960 nur 36215 t erbrachte, steht ein großzügiger Abbau erst bevor. Das dortige Vorkommen (vorwiegend massiges Brauneisenerz mit wechselnden Mengen feinkörnigen, kristallinen Hämatits oder Trümer groben kristallinen Hämatits mit Glimmer) findet sich linsenförmig innerhalb von tektonisch stark beanspruchten Eisensandsteinen, die von Amphibolitschiefern umgeben sind, an welche sich Granitgneis anschließt. Morphologisch macht sich das Vorkommen durch eine SE—NW streichende Kette von 120 m hohen Höhenzügen bemerkbar, die fast 20 km weit verfolgbar sind. Das Stahlkombinat Broken Hill, das nunmehr den Abbau übernommen hat, hat sich gegenüber der Regierung zum Aufbau einer Eisen- und Stahlindustrie in Kwinina bei Perth verpflichtet, deren Hochöfen ab 1968 mindestens 450000 t Roheisen jährlich produzieren sollen. Ingostahlwerke und Walzwerke mit einer Jahreskapazität von 330000 t sollen im Laufe des Jahrzehnts nachfolgen. Die Regierung baut eine Eisenbahnlinie von 528 Meilen Länge.

Zwei sehr bedeutende Vorkommen wurden kürzlich in der Erzprovinz Pilbara in Nordwestaustralien gefunden. Die dortigen Reserven werden auf 1500 Mill. t geschätzt. Im Hamerley Range dieses Gebietes zeigt die Karte Proterozoikum. Die Rio-Tinto-Gesellschaft hat sich mit der Consolidated Zinc vereinigt, um auf der Basis dieser Lagerstätten eine besondere Eisen- und Stahlindustrie aufzubauen. Ferner wurde kürzlich am Scott River im Südwesten Australiens ein Limonitvorkommen mit schätzungsweise 100 Mill. t Erz, davon 35 Mill. t hochgradig, gefunden.

Ein detailliertes Bohrprogramm und geologische Untersuchungen werden zur Zeit über ein Vorkommen am Mount Goldsworthy (unweit der Nordküste, östlich von Port Hedland) durchgeführt, dessen Reserven auf 30 Mill. t geschätzt werden.

Aus dem Nordterritorium, wo bisher nur unbedeutende lateritische Eisenanreicherungen in eisenreichen Sedimenten des Proterozoikums bekannt waren und keinerlei Eisengewinnung stattfand, wird vom Department of National Development ein Vorkommen bei Roper Bar gemeldet, über das nähere Angaben abzuwarten sind. Das gleiche gilt für die Meldung, daß in Tasmanien 1 Mill. t Eisenerz durch Bohrungen nachgewiesen seien und der Aufbau einer Eisen- und Stahlindustrie in Aussicht stehe. Bekannt war, daß am Blythe River an der Nordküste Australiens Roteisen linsenförmig innerhalb von altpaläozoischen Schiefern und Sandstein vorkommt und daß sich im Beaconsfield- und Salisbury-Distrikt Roteisen und Magneteisen teils in intrusivem Serpentin (zusammen mit Chromit), teils in dem aus Sandstein bestehenden Nebengestein finden. Ferner werden im tasmanischen Yukes-Darwin-Gebiet Magnetit und Hämatit mit intrusiven Porphyren kambrischen bis untersilurischen Alters in Zusammenhang gebracht.

HAVEMANN & HYDE

Eisen, Kupfer, Gold und Titan in Mauretanien

Die Eisenerze der auf eine Milliarde t geschätzten Lagerstätte im Massiv von Kedia d'Idjil bei Fort Gouraud in Mauretanien haben über 65% Fe-Gehalt und sollen in ihrer Qualität den kanadischen Erzen von Labrador ähnlich sein. Es handelt sich um phosphorarme Erze. Wie „Montan-Archiv“ vom 14. 12. 1962 mitteilt, sind die für die Ausbeutung erforderlichen Anlagen so weit fortgeschritten, daß der Beginn des Exports unmittelbar bevorsteht. Von der 650 km langen Eisenbahnstrecke, die Fort Gouraud mit dem Hafen Port Étienne verbindet, sind bereits 500 km fertiggestellt. Die bergbaulichen Anlagen sollen zu 90% vollendet sein und 2,1 Mill. t Erz bereits für den Abtransport bereitliegen. Die erforderlichen Investitionen werden auf über 160 Mill. $ berechnet. Die für den Anfang auf 4 Mill. t jährlich vorgesehene Erzförderung soll allmählich auf 6 Mill. t gesteigert werden.

Bei Akjoutit südlich von Atar besitzt Mauretanien goldhaltige Kupfererze. Nach dem Bau von Straßen (280 km Länge), einer Bahnlinie (300 km) und einer Wasserleitung (110 km) sowie der Schaffung der Förderanlagen soll hier in etwa drei Jahren mit einer Förderung von etwa 10000 t Kupfererz und 850 kg Gold jährlich begonnen werden. In dem Gebiet nördlich des ebenfalls auszubauenden Hafens Nouakchott sind ferner bedeutende Titan- und Gipslagerstätten vorhanden. Es kommt hier die Titangewinnung aus Ilmenitlagerstätten (250000 t mit 52% Ilmenit) in Frage. Die Gipsvorräte werden auf 17,5 Mill. t geschätzt.

—Ha—

Die Manganerze in Amapa (Brasilien)

In dem brasilianischen Staate Amapa wurde 1946 bei Serra do Navio ein Manganerzvorkommen entdeckt, das sich als eines der bedeutendsten der Welt erwiesen hat. Die Förderung, mit der 1957 begonnen wurde, beträgt jetzt jährlich 750000 t. Das gewaschene Erz hat 48% Mn-Gehalt. Über Charakter und Genese des Vorkommens wird in „Econ. Geol.“, 57 (1962), S. 481—498, folgendes mitgeteilt: Die Erze haben sich aus Mangankarbonat enthaltenden präkambrischen Sedimenten mit 45–50% MnO und Mangansilikat (Spesiartin, Rhodonit, Picrotephroit) enthaltenden Metamorphiten (auch Gondite genannt) durch lateritische Verwitterung gebildet. Kryptomelan und Pyrolusit sind die wichtigsten der Manganmineralien. Die Lagerstätten setzen sich aus Harterzen, schiefrigem Erz, Gonditerz und Lateriterz zusammen. Die Ausscheidung aus den präkambrischen Mangankarbonaten, die auf ein niedriges Redoxpotential deutet, scheint in einem abgeschnürten Meeresbecken erfolgt zu sein. —Ha—

Sonstiges

Einrichtung zur Messung der Erdschwere auf schwankendem Fundament, insbesondere Seegravimeter

Bei Messungen der Erdschwere auf schwankendem Fundament, z. B. auf einem Schiff, müssen die Beschleunigungen, die durch die Fundamentbewegungen verursacht werden, berücksichtigt werden, da man andernfalls nicht nur die Erdbeschleunigung, sondern die Summe aller an der Gravimetermasse angreifenden Beschleunigungen mißt. — Es kommt deshalb darauf an, bei einem üblichen Gravimetersystem den Aufwand für die Kompensation der das Meßergebnis verfälschenden Komponente der Horizontalbeschleunigungen zu verringern, ohne den Meßvorgang nachteilig zu beeinflussen. Das geschieht dadurch, daß der kardanisch aufgehängte Teil, an dem das Gravimetersystem befestigt ist, eine Eigenschwingungsdauer aufweist, die groß gegen die Schwingungsdauer der Horizontalbeschleunigung ist, und dadurch, daß ein zweiter kardanisch aufgehängter Teil, der um einen mit dem Drehpunkt des ersten Teiles identischen Punkt drehbar ist und dessen Eigenschwingungsdauer ebenfalls groß gegen die Schwingungsdauer der Horizontalbeschleunigung, jedoch kleiner als die des ersten Teiles ist, mit dem ersten elastisch gekoppelt ist.

Die Abbildung zeigt ein praktisches Ausführungsbeispiel. Ein Stativ, dessen Füße mit (*12, 13, 14*) bezeichnet sind, trägt den festen Teil einer Kugelgelenklagerung (*15*). Die beweglichen Teile der Kugelgelenklagerung sind derart ausgebildet, daß sich die beiden mit diesen verbundenen Stangen (*16, 17*) unabhängig voneinander um den gleichen Punkt drehen können. Die Stange (*16*) trägt an ihrem oberen Ende eine Platte (*18*) zur Lagerung der Gravimeteranordnung (*19*). Ferner ist die Stange (*16*) mit einem gabelförmigen Teil (*20*) ausgerüstet, an dem ein Gewicht (*21*) befestigt ist. In ganz analoger Weise ist die Stange (*17*) ausgebildet. Die elastische Kopplung erfolgt über Federn (*25, 26, 27, 28*). Die verschiebbaren Gewichte (*29* und *30*) dienen zur Einstellung der Abstände der Schwerpunkte vom gemeinsamen Drehpunkt. Unter dem Einfluß der Horizontalbeschleunigung führen beide Pendel erzwungene Schwingungen aus. Da die Eigenperiode des ersten Pendels größer als die des zweiten Pendels ist und da ferner beide Eigenperioden groß gegen die Periode der Horizontalbeschleunigung sind, schwingen beide Pendel um 180° phasenverschoben gegen die Horizontalbeschleunigung, und zwar das zweite mit einer größeren Schwingungsweite als das erstere. Daraus ergibt sich, daß das zweite Pendel ein Drehmoment auf das erstere ausübt, das dem durch die am Schwerpunkt angreifende Horizontalbeschleunigung erzeugten entgegengerichtet ist. DBP Anm. 1136832.

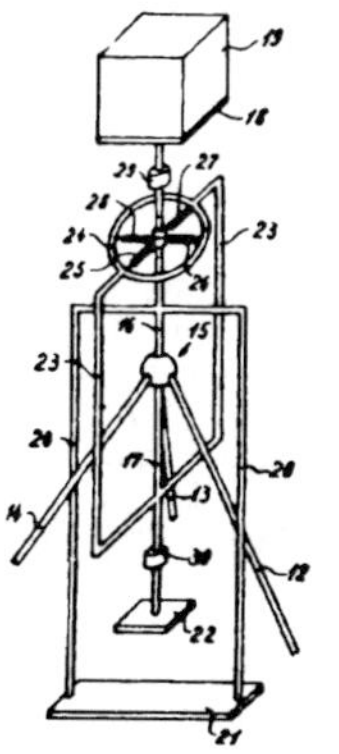

H. Friedemann

Richtigstellung

Der Aufsatz von F. Leutwein & R. Waskowiak: „Geochemische Untersuchungen an rezenten marinen Molluskenschalen", erschienen Oktober 1962 im N. Jb. Min. Abh. 99, ist ohne vorherige Befragung und Zustimmung des zweitgenannten Autors zur Veröffentlichung eingereicht worden. Die darin mitgeteilten Werte und Ergebnisse entstammen einer von R. Waskowiak als Freiberger Forschungsheft C 136 (Juli 1962) veröffentlichten Diplomarbeit aus dem Jahre 1957 unter dem Titel „Geochemische Untersuchungen an rezenten Molluskenschalen mariner Herkunft".

R. Waskowiak

Kurznachrichten

Im **jugoslawischen Banat** wurden **Erdölvorkommen** erbohrt, deren Umfang zwar noch nicht bekannt ist, die jedoch bedeutend sein sollen. Die Nähe der bereits erschlossenen Vorkommen von Elimit erleichtert die Erschließung der neuen Vorkommen.

Eine bei **Hassi Tabtab,** etwa 300 Meilen westlich von Edjeleh in der südlichen Sahara von British Petroleum niedergebrachte Bohrung liefert täglich 370000 m³ **Erdgas** mit Spuren von **Erdöl.**

In **Israel** ist in dem neuen **Ölfeld** nördlich von Heletz durch die Bohrung Koohav I in 1680 m Teufe eine zweite, 7 m mächtige ölführende Schicht entdeckt worden.

Bei Suweidiya im Nordosten **Syriens** wurden sechs fündige **Erdölquellen** erbohrt. Die Gesellschaft Concordia, die die Forschungsarbeiten durchführte, will nach Abschluß eines Abkommens mit der syrischen Regierung die Ausbeutung in Angriff nehmen.

In **Australien** soll für den Transport des bei Moonie in Queensland gefundenen Erdöls eine über 300 km lange **Pipeline** nach einem Punkt an der Küste nahe Brisbane verlegt werden.

Die Haldenbestände im **Steinkohlenbergbau der Montanunion** sind seit September 1961 um 8 Mill. t zurückgegangen. Im September 1962 wurden in Westdeutschland 530000 t, in Frankreich 415000 t, in Belgien 240000 t abgebaut, während nur die Niederlande einen leichten Anstieg verzeichnen.

Die **Steinkohlenförderung** in den Ländern der **EWG** ging von 117,3 Mill. t im ersten Halbjahr 1961 in der gleichen Zeit 1962 auf 114 Mill. t zurück. Die Produktion von Steinkohlenkoks ging in denselben Vergleichszeiten von 36,8 auf 36,2 Mill. t zurück.

Im ersten Halbjahr 1962 produzierte **Österreich** 52000 t Steinkohle und 2832000 t Braunkohle. Die Koksproduktion betrug 945000 t.

Im **griechischen Braunkohlenrevier** von **Megalopolis** mit der bekannten Lagerstätte von Khoremi wurde bei Kiparissia ein neues Braunkohlenfeld mit besonders günstigen Abbaubedingungen gefunden. Abraummächtigkeit: 5–12 m, Flözmächtigkeit: ca. 64 m.

Die **Eisen- und Stahlerzeugung Großbritanniens** betrug 1960 24,7 Mill. t Stahl und 16 Mill. t Roheisen und ging 1961 um 9% auf 22,4 Mill. t Stahl und um 10% auf 14,4 Mill. t Roheisen zurück. Für 1962 wird angesichts der zunehmenden Selbstversorgung vieler Länder ein weiterer Rückgang erwartet.

Der **Pro-Kopf-Verbrauch** von **Blei** beträgt, wie auf der ersten internationalen Bleikonferenz in London mitgeteilt wurde, in den schwachentwickelten Ländern jährlich $<0{,}1$ kg, in Schweden 6,3 kg, in Großbritannien 5,5 kg, in den USA 4,5 kg. Der Weltverbrauch hat sich seit 1951 um 36% erhöht.

In dem **niederländischen** Hafen Delfzijl soll eine **Aluminium-Elektrolytanlage** errichtet werden, die auf dem Seewege Bauxittransporte erhält. Die anfängliche Jahreskapazität von 30000 t soll später auf 60000 t erhöht werden.

In der **kanadischen** Provinz Quebec wurden im Gebiet des Flusses Obamska, 80 Meilen nordwestlich des Mattagamisees, Erze mit 2,5 Unzen **Gold** pro t gefunden.

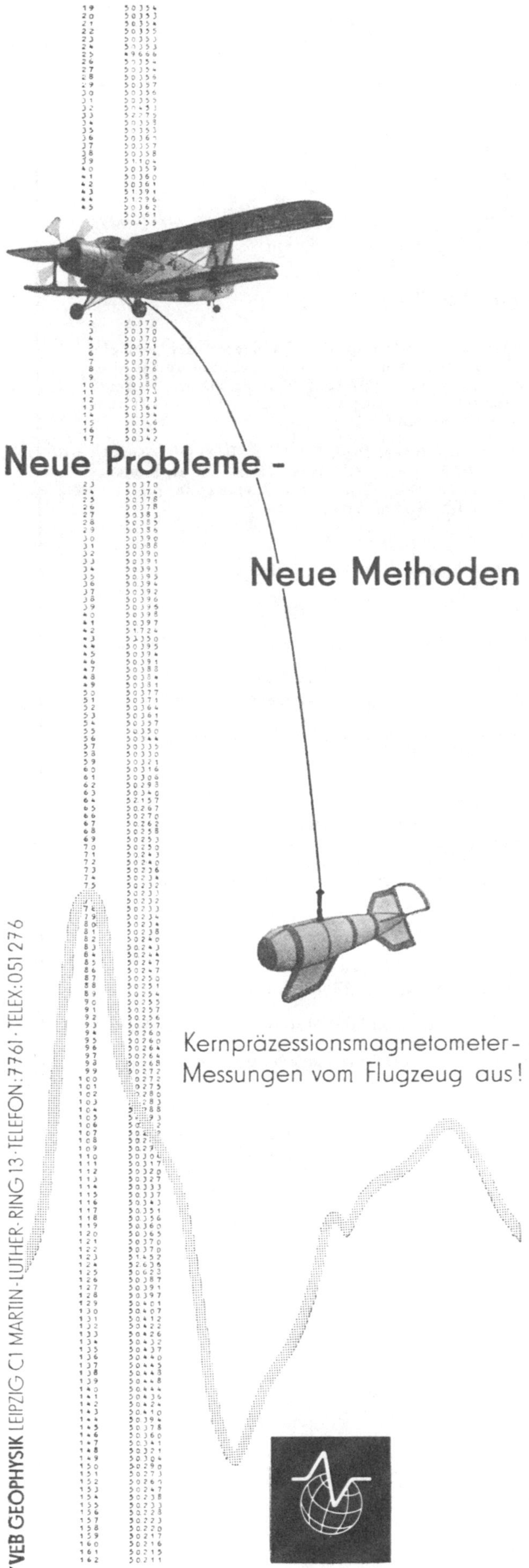

In den nächsten Heften der Zeitschrift für angewandte Geologie

erscheinen u. a. folgende Beiträge

H. SÄRCHINGER & P. BÖHME: Über eine Natursteinerkundung mit Bohrungen und geophysikalischen Messungen in Nordwestsachsen

K. GROTH: Zum Problem der Abbaukondition bei pleistozänen Schollenlagerstätten

Instruktion zur Anwendung der Klassifikation der Lagerstättenvorräte fester mineralischer Rohstoffe auf Kupferlagerstätten der DDR, 2. Kupfer-Instruktion vom 27. 3. 1963

N. I. POLEWAJA: Eine geochronologische Skala nach Altersbestimmungen an Glaukoniten

H. KUGLER: Zur Erfassung und Klassifikation geomorphologischer Erscheinungen bei der ingenieurgeologischen Spezialkartierung

R. MEINHOLD: Die geochemischen Verfahren der Erdölgeologie

N. A. JEREMENKO, E. A. GIMPELEWITSCH & A. A. ILJIN: Einige allgemeine Gesetzmäßigkeiten der Veränderung dispers verteilter organischer Substanz in Abhängigkeit vom geologischen Alter

H. RADTKE: Geologisch-lagerstättenkundliche Ergebnisse aus dem Raum der östlichen Lausitz

H. MILITZER: Prinzip und Ergebnisse komplex-geophysikalischer Untersuchungen im Grund- und Straßenbau und der Bauwerküberwachung und ihre Nutzbarmachung für die Praxis

Herausgeber: Staatliche Geologische Kommission und Zentrale Vorratskommission für mineralische Rohstoffe der Deutschen Demokratischen Republik. Für die kollektive Chefredaktion: Dr. K. KAUTER (Redaktionssekretär), Berlin. Redaktion: Berlin N 4, Invalidenstraße 44. Verlag: Akademie-Verlag GmbH, Berlin W 8, Leipziger Straße 3–4 (Fernsprecher 220441, Telex 011773, Postscheckkonto: Berlin 35021). Bestellnummer des Heftes 1047/9/6. Die „Zeitschrift für angewandte Geologie“ erscheint monatlich. Bezugspreis 2,– DM je Heft. – Satz und Druck: Druckhaus „Maxim Gorki“, Altenburg. Veröffentlicht unter der Lizenznummer 1279 des Presseamtes beim Vorsitzenden des Ministerrates der Deutschen Demokratischen Republik. Karten: MdI der DDR, Nr. 8374, 8384, 8545